ISBN 978-3-7091-3555-6   ISBN 978-3-7091-3554-9 (eBook)
DOI 10.1007/978-3-7091-3554-9

Selenodätische Untersuchungen

Von

Josef Hopmann (Wien)

(Vorgelegt in der Sitzung am 14. Jänner 1952)

Zusammenfassung

Alle bisherigen Koordinatenverzeichnisse von Punkten der Mondoberfläche beruhen auf den älteren Werten für die Konstanten der Mondrotation und der älteren unvollkommenen Theorie der physischen Libration. Über die gegenwärtige Situation dieser Fragen wird zunächst eine Übersicht gegeben.

Da die grundlegenden Breslauer Messungen von Franz für 150 Fixpunkte genügend ausführlich veröffentlicht sind, ist es möglich, sie (genähert) neu zu reduzieren, wobei auch die absoluten Höhen dieser Punkte über dem mittleren Niveau berechnet werden.

In Verbindung mit der Haynschen Profilkarte des Mondrandes ergibt sich:

a) Der Mondrand ist — von den Bergformationen abgesehen — mit der Unsicherheit $1:5000$ genau ein Kreis.

b) Die uns zugekehrte Mondseite wölbt sich über einer entsprechenden Kugel auf. Wird sie als die Hälfte eines dreiachsigen Ellipsoids aufgefaßt, so liegt der Pol der großen Achse im SW-Quadranten der Mondscheibe, nahe dem Westrand von Alphonsus, sie ist 6,8 km länger als der mittlere Radius. Die kleine Achse ist 5,0 km kürzer als die mittlere und liegt nahe dem Nordpol des Mondes bei Pythagoras.

Die Vor- und Nachteile der Ritterschen Höhenschichtenkarte werden erläutert. Sie ergibt ein ähnliches Bild wie die obigen 150 Fixpunkte, sowohl was die Längen der Achsen wie die Lage der Pole betrifft. Sie befinden sich im SW-Quadranten bei Stöffler bzw. im NO bei Harpalus. Es hat den Anschein, als ob dieser Aufwölbung der uns zugekehrten Mondhälfte kein Gegenstück auf der Rückseite entspricht.

Aus den von Hayn ermittelten Hauptträgheitsmomenten des Mondes lassen sich starke Argumente zugunsten der Hypothese ableiten, daß der Mond nicht aus der Erde hervorgegangen ist, sondern sich zunächst unabhängig von ihr entwickelt hat. Dagegen widersprechen die gemessenen selenodätischen Werte der Hypothese, daß sich auf dem Monde zur Zeit seines zähflüssigen Zustandes ein der Erde zugewandter Flutberg entwickelt hat.

Auf Grund von Beobachtungen in Hannover von Ch. Behrmann und dem Verfasser werden die relativen Höhen und Tiefen der 150 Fixpunkte der Franzschen Vermessung abgeleitet. Im Durchschnitt ändert sich das Verhältnis Kratertiefe zu Durchmesser mit kleiner werdendem Gebilde von 1:10 auf 1:5. Dagegen betragen die Wallhöhen dieser verhältnismäßig kleinen Objekte unabhängig vom Durchmesser im Mittel 0,4 km. Aus den Haynschen und Ritterschen Karten lassen sich Aussagen zur Morphologie gewinnen. Dabei erweisen sich die Ringformen (außerhalb ihrer Vertiefungen) als verhältnismäßig unbedeutende Erscheinungen. Wichtiger ist die Bildung ausgedehnter Horste und Senken, sowie ein ständiges wellenförmiges Auf und Ab des Geländes. 50 % von diesem hat Böschungswinkel unter 6°, solche über 25° sind sehr selten und treten nur in den eigentlichen Gebirgen auf. Die Mare liegen im Durchschnitt im gleichen, nicht tieferen, Niveau wie die hellen Teile der Oberfläche.

Zum Schluß der Abhandlung werden eine Reihe Vorschläge für weitere Arbeiten besprochen.

1. Einleitung

Wie im Laufe der wissenschaftlichen Entwicklung zur Erforschung der Erde neben die Geographie nach und nach die Geologie, Geodäsie und Geophysik getreten sind, so sollte man auch in der Mondforschung unterscheiden:

a) Selenographie, d. h. das Studium der Oberfläche des Mondes bis in die Kleinformen hinein, gekennzeichnet durch die großen visuellen und photographischen Kartenwerke, die zugehörigen Beschreibungen und Einzelforschungen wie sie etwa von Fauth, Krieger, König usw. betrieben wurden.

b) Selenophysik, d. h. die Verwendung von Photometrie, Spektralanalyse, Polarimetrie und Radiometrie in Beobachtung und Theorie zur weitreichenden Ergänzung der selenographischen Arbeiten.

c) Selenologie, die aus alledem durch Analogieschlüsse mit irdischen Verhältnissen das Werden des Mondes und seiner Form zu ermitteln versucht.

d) Selenodäsie: die Geodäsie schafft die unentbehrlichen und exakten Grundlagen für die drei Nachbarwissenschaften. Ähnlich vermittelt die Selenodäsie die Grundlagen für die anderen Gebiete. Ihre Aufgabe ist in erster Linie die Ermittlung der Rotationsgesetze des Mondes sowie die Bestimmung der Längen, Breiten und absoluten Höhen ausgewählter Fixpunkte der Mondoberfläche. Nach den klassischen Arbeiten des 19. Jahrhunderts haben ganz überwiegend Franz in Königsberg und Breslau und Hayn in Leipzig etwa ab 1890 die Selenodäsie ausgebaut. Die nachstehenden Ausführungen sollen diese Arbeiten ein wenig erweitern und zu Verbesserungen verschiedener Art anregen.

2. Selenodätische Koordinaten, die Grundlagen

Bekanntlich ist die Figur der Erde in erster Näherung eine Kugel, in zweiter ein schwach abgeplattetes Rotationsellipsoid. Dies wird sowohl rein geometrisch durch Längen- und Breitengradmessungen erschlossen, wie geophysikalisch, d. h. dynamisch, durch Schweremessungen erwiesen. Die auf beiden Wegen gewonnenen Abplattungen stimmen nahe überein, sie brauchen dies aber durchaus nicht. Es sind Massenverteilungen im Erdinnern denkbar, die geophysikalisch zu einer anderen Erdfigur führen würden. Die dritte Annäherung wäre ein dreiachsiges Ellipsoid. Es ist mehrfach geometrisch sowohl als auch geophysikalisch versucht worden, ein solches abzuleiten. Jedenfalls kann die Äquatorabplattung nur sehr klein sein. Über

die geophysikalischen Untersuchungen siehe den Sammelbericht
von Hartwig [1]. Für den geometrischen Weg reichen vorläufig
die vorhandenen Triangulationen bei weitem noch nicht aus.
Das ist aber in einigen Jahrzehnten zu erwarten, wenn die
modernen Methoden der Funkmeßtechnik und Hochzieltrian-
gulationen es ermöglichen, die Ozeane trigonometrisch zu über-
queren. Man hat auch daran gedacht, durch geeignete Mond-
beobachtung eine „kosmische" Triangulation durchzuführen.
In Frage käme theoretisch dafür das Beobachten der Kontakt-
momente bei Sonnenfinsternissen, von Sternbedeckungen und
direkten Ortsbestimmungen des Mondes. Eine genaue Diskussion
zeigte aber dem Verfasser [2], daß diese Versuche nur äußerst
geringe Aussicht bieten. Der Mondort müßte auf etwa $+\,0,02''$
festgelegt werden, was aber an den Unregelmäßigkeiten
des Mondprofils und den meßtechnischen Schwierigkeiten
scheitert.

Wie liegen nun die Verhältnisse beim Monde? Gewiß, er
ist geometrisch wie dynamisch in erster Näherung eine Kugel.
Er muß aber — dynamisch gesehen, d. h. seiner Massenverteilung im Inneren nach —, ein dreiachsiges Ellipsoid sein,
wie schon Laplace zeigte. Über seine geometrische Gestalt
liegen zwar schon eine Reihe älterer Untersuchungen vor, die
aber bis auf zwei völlig unzureichend sind. Sie werden beide
nachstehend eingehend besprochen.

Der Mond rotiert während eines Umlaufs um die Erde
einmal um eine Achse, die nahezu senkrecht zur Ekliptik steht.
Durch die elliptische Bewegung des Mondes um die Erde und
seine Bahnlage sowie die Differenz von Beobachtungsort und
Erdmittelpunkt entstehen die drei Teile der optischen Libration,
die theoretisch völlig geklärt und berechenbar ist (s. z. B. [3]). Die
drei empirischen Cassinischen Gesetze der Mondrotation führten
zur allmählichen Entwicklung ihrer dynamischen Theorie, die
an die Namen Laplace, Wichmann und Hayn geknüpft ist.
Letzterer bearbeitete [4] abschließend das recht verwickelte
Problem. In einer nochmaligen kritischen Durchmusterung hat
Koziel [5] 1948 gegenüber anderweitigen Behauptungen bis auf
kleine Abänderungen die Haynsche Theorie bestätigt.

Danach macht der Mond infolge der Anziehung der Erde, der Sonne (und auch der großen Planeten) auf seine drei Hauptträgheitsachsen erzwungene Librationen, deren Perioden und Phasen von der Theorie und deren Amplituden durch Beobachtungen ermittelt werden. Daneben sind noch freie Librationen denkbar, als Reste von Pendelungen in einem früheren Stadium seiner Entwicklung. Sie konnten aber bis heute durch Beobachtungen nicht nachgewiesen werden.

Insbesondere zeigt die Theorie, daß aus passenden Beobachtungen die Neigung des Mondäquators J zur Ekliptik und die Größe $f = \dfrac{(C-B) \cdot A}{(C-A) \cdot B}$ abzuleiten sind. Hier sind A, B und C die Hauptträgheitsmomente des Mondes. Bezüglich der älteren Versuche hiezu siehe die Einleitung von [6]. Hingewiesen sei noch auf die Bemerkung Hayns [7], daß folgende Werte von f theoretisch unmöglich sind:

$f = 0$, da dann die Rotationsachse unbestimmt wäre;

$f = 1$, d. h. der Mond ein Rotationsellipsoid dynamisch gesehen, da dann Rotations- und Umdrehungszeit verschieden wären;

$f = 0{,}662$, da dann die erzwungene physische Libration instabil würde.

Hayn führt noch vier weitere Werte von f an, die zur Instabilität führen würden, die aber alle in der Natur nicht verwirklicht sind.

Zur Bestimmung der physischen Libration hat man, den Vorschlage Bessels entsprechend, im 19. Jahrhundert in mehreren Beobachtungsreihen an Heliometern den Krater Mösting A mit jeweils einer größeren Zahl Randpunkte verbunden. Franz versuchte die Wichmannsche Theorie zu verbessern und hat anschließend die an sich vorzüglichen Beobachtungen Schlüters in Königsberg sowie die von Hartwig in Straßburg neu reduziert und aus ihnen $J = 1° 31' 22''$ erhalten, sowie $f = 0{,}49 \pm 0{,}05$. Hiermit und mit dem abgeleiteten Ort von Mösting A berechnete dann ab 1897 das Berliner Jahrbuch entsprechende Ephemeriden.

F. Hayn konnte bald darauf zeigen, daß doch noch Glieder höherer Ordnung in der Theorie eine merkliche Rolle spielen [4] und leitete selbst aus mikrometrischen Verbindungen von vier randnahen Kratern mit Mösting A neue Rotationselemente ab [8]. Dabei ist er bewußt davon abgegangen, diese fünf Punkte als auf einer Kugel liegend anzunehmen, hat vielmehr für jeden von ihnen den Abstand von der Figurenmitte bestimmt [9]. 1914 hat Hayn das gesamte damals vorliegende Material zusammengefaßt und $J = 1°32'20''$, $f = 0{,}73$ abgeleitet [10]. Seitdem geben die Jahrbücher hiemit und mit Hayns korrekten Formeln die Angaben für die physische Libration usw. Später ging Hayn mehr und mehr dazu über, das Mondprofil aus umfangreichen visuellen und photographischen Beobachtungsreihen festzulegen [11]. Daneben haben aber er und Naumann alle älteren Heliometermessungen anhand der endgültigen Rotationstheorie und unter Berücksichtigung des Mondprofils neu reduziert [12]. 1948 hat Koziel [5] erneut den ganzen Fragenkomplex in Angriff genommen und kommt bei einer Neubearbeitung der Heliometerbeobachtungen von Hartwig in Dorpat zu den beiden für ihn unentschieden nebeneinander möglichen Werten $f = 0{,}60 \pm 0{,}055$ und $f = 0{,}715 \pm 0{,}083$. Dabei ist der Ausgleichungsansatz in einem wesentlichen Punkte gegenüber Hayn-Naumann verbessert worden. Koziel hält deshalb eine Neureduktion auch der übrigen oben angeführten Arbeiten für unbedingt nötig (siehe auch [13]). Diese Untersuchungen lernte ich erst nach Abschluß der vorliegenden Arbeit kennen, sie konnten also nicht weiter verfolgt werden, dürften aber für die Hauptergebnisse der vorliegenden Arbeit nicht wesentlich sein.

In der nachstehenden Tabelle 1 habe ich aus [12] und [5] alle maßgeblichen Werte zusammengestellt, nebst ihren jeweils angegebenen m. F. (innere Genauigkeit). Gibt man letzteren entsprechend den einzelnen Werten Gewichte, so werden die Mittel durch die drittletzte Zeile gegeben. Nun fällt — wie schon Naumann bemerkt hat — die fünfte Reihe aus unbekannten Gründen ganz aus den Rahmen der übrigen. Bei ihrem geringen Gewicht kann man sie ausschließen und die übrigen Reihen ohne Gewichtsverteilung mitteln, vorletzte Zeile der Ta-

Tabelle 1

Nr.	Autor	λ		β		r		J		f	
1	Schlüter-Naumann	$-5°\ 9'\ 56''\pm 11''$		$-3°10'\ 0''\pm\ 9''$		$15'\ 32''{,}9$	$\pm 0''{,}44$	$1°32'\ 14''\pm 14''$		0,71	$\pm 0,030$
2	Hartwig-Hayn	10 26	25	10 32	21	34,7	1,15	31 51	36	73	70
3	Hayn	10 10	20	11 15	14	33,9	0,66	32 33	15	77	40
4	Hartwig-Naumann	10 0	11	10 56	9	34,2	0,41	31 29	12	71	33
5	Michailowski-Belkowitsch	12 42	28	11 24	19	33,0	1,00	33 10	32	84	80
6	Banachiewicz-Jakowkin	10 19	11	10 56	10	35,5	0,50	32 2	17	74	30
7	Jakowkin	10 25	10	10 26	8	34,1	0,40	31 44	12	68	20
8	Hartwig-Koziel	11 50	12	10 27	17	32,9	0,56	31 36	23	0,71	0,50
	Mittel 1)	$-5°10'\ 30''\pm 16''$		$-3°10'\ 38''\pm 10''$		$15'\ 33''{,}92\pm 0''{,}32$		$1°31'\ 56''\pm 10''$		$0,712\pm 0,011$	
	Mittel 2)	27	± 16	39	10	34,03	38	56	8	$0,721\pm 0,012$	
	B. J.	-5 10	7	-3 11	2	15 33,4		1 32 20		0,73	

belle. Beide Arten der Mittelung unterscheiden sich praktisch gar nicht. Die letzte Zeile gibt die Werte, die seit 1920 der physischen Mondephemeride im Berliner Jahrbuch zugrunde liegen, auf Grund der Arbeit von Hayn [10]. Offenbar liegt kein Grund dazu vor, an den Jahrbuchkonstanten etwas zu ändern.

Insonderheit ist f durch die Heliometerarbeiten erheblich sicherer bestimmt, als es z. B. die langjährige Kap-Greenwicher Meridiankreisreihe in der Bearbeitung von Jeffreys ergeben haben [14], der hierfür $f = 0,85 \pm 0,10$ erhielt.

Nimmt man als derzeit wohl besten Wert für den Radius des Mondrandes den von Illigner [15] aus Plejadenbedeckungen abgeleiteten $15' 32,''77 \pm 0,''02$, so liegt also Mösting A $1,''26 = 13,0 . 10^{-4} . r = 2,3$ km über der durch den mittleren Rand definierten Kugel. Der mittlere Fehler dieses Wertes $\pm 0,''38 = 0,66$ km, zeigt die Schwierigkeit, auf schließlich doch trigonometrischem Wege die Figur des Mondes zu bestimmen, trotz der über 3000 Sternbedeckungen und der rund 1000 Heliometerbeobachtungen.

Die Anlage seiner Messungen gestattete ferner Hayn, die Koordinaten von vier weiteren randnahen Kratern relativ zum Figurenschwerpunkt zu bestimmen, u. zw. unabhängig von irgend einer Annahme über den mittleren Mondradius [8, S. 133]. Diesen hat Battermann [16] zu 932,72 aus etwa 1600 in Berlin beobachteten Sternbedeckungen abgeleitet. Das Berliner Jahrbuch empfiehlt auch heute noch den von Peters [17] aus Plejadenbedeckungen gewonnenen Wert $932,''59$.

Hayns Werte für die fünf Krater habe ich von dem in [8] abgeleiteten System der f, J, usw. auf das der Tabelle 1 (vorletzte Zeile) mittels der Formeln (64—67) in [8, S. 108] umgerechnet. Man erhält dann die Werte der Tabelle 2. Sie könnten zusammen mit den acht Punkten zweiter Ordnung des Franzschen Systems, wenn diese auch entsprechend neu reduziert werden, 12 Punkte ergeben, an die dann die 141 Punkte dritter Ordnung von Franz bei einer Neubearbeitung anzuschließen wären.

Tabelle 2 enthält auch die rechtwinkeligen Koordinaten der fünf Krater mit dem mittleren Mondradius nach Illigner als Einheit, Parallaxe nach Brown.

Tabelle 2

Ob-jekt	Mösting A	Messier A	Kepler A	Egede A	Tycho, Zentralberg
λ	$- 5°10',5$	$+ 46°56',5$	$- 36°,37$	$+ 10° 29',5$	$- 11° 18',3$
β	$- 3°10',6$	$- 1°59',4$	$+ 7°9',4$	$+ 51° 31',2$	$- 43° 26',4$
r	$933'',92$	$932'',02$	$933'',33$	$932'',11$	$931'',81$
ζ	$- 0,09018$	$+ 0,72967$	$- 0,58445$	$+ 0,11324$	$- 0,14220$
η	$- 0,05542$	$- 0,03473$	$+ 0,12459$	$+ 0,78283$	$- 0,68759$
ξ	$+ 0,99568$	$+ 0,68182$	$+ 0,80260$	$+ 0,61144$	$+ 0,71130$

Dabei ist in der in der Selenographie üblichen Art die $+\zeta$-Achse im Äquator nach Westen, die $+\eta$-Achse nach Norden, die $+\xi$-Achse zur Erde gerichtet.

Hayn ist nicht mehr dazugekommen, seine Messungen an etwa 20 Punkten zweiter Ordnung zu bearbeiten. Durch die Kriegsereignisse sind seine Aufzeichnungen leider verlorengegangen; sie wären für unser Thema recht wertvoll. So ging die Selenographie andere Wege.

Die älteren Arbeiten von Lohrmann, Mädler, Schmidt u. a., zur Ableitung selenographischer Koordinaten zahlreicher Punkte seien nur erwähnt. Sie sind durch Franz und Saunder um Größenordnungen nach Genauigkeit und Zahl überholt. 1899 veröffentlichte Franz eine Untersuchung über „Die Figur des Mondes" [18]. In ihrem ersten Teil wurden acht randnahe Krater durch heliometrische Messungen mit Mösting A verbunden, dessen Lage Franz vorher [6] abgeleitet hatte. Er gewann so die selenographischen Längen und Breiten dieser acht Fundamentalpunkte zweiter Ordnung. Die Reduktion erfolgte allerdings mit einer unvollkommenen Theorie der physischen Libration und der Annahme, daß alle Punkte auf einer Kugelfläche liegen. Auch ist sie an einigen Stellen direkt fehlerhaft, worauf Hayn hingewiesen hat [8]. Franz hat immerhin seine Messungen so ausführlich mitgeteilt, daß es möglich wäre, alles mit den modernen Werten und korrekten Formeln neu zu bearbeiten.

1901 veröffentlichte Franz [19] ein Verzeichnis von 150 Punkten, also solchen dritter Ordnung, die etwa gleichmäßig über den Mond verteilt liegen. Er benutzte zu ihrer Ableitung fünf photographische Aufnahmen, meist nahe dem Vollmond, die mit dem großen Refraktor der Licksternwarte gewonnen waren und die er in Breslau mit einem Repsoldschen Plattenmesser bearbeitet hat. Dabei erfolgte ein enger Anschluß durch Ausgleichung an die obigen acht Punkte zweiter Ordnung und Mösting A (erster Ordnung). Auch hiebei wurde die Libration usw. nur unvollkommen berücksichtigt. Franz hat später das Verzeichnis in zwei weiteren Arbeiten ähnlicher Art mit Potsdamer, Bonner und Pariser Aufnahmen bedeutend erweitert, wobei er sich auf seine Punkte erster bis dritter Ordnung stützte [20, 21]. Sein letztes zusammenfassendes Verzeichnis [21] umfaßt etwa 1400 Punkte.

Von 1903 bis 1911, also etwa mit den Arbeiten von Hayn und Franz gleichzeitig, veröffentlichte Saunder [23] weitere wichtige Arbeiten zur exakten Selenographie. Auch er vermaß Aufnahmen der Lick- und Pariser Sternwarten und schloß sie eng an die Fundamentalpunkte von Franz an. Sein letztes zusammenfassendes Verzeichnis enthält fast 2900 Objekte, zumeist kleinere Krater, markante Bergspitzen usw.

1949 erschien ein weiteres Verzeichnis von 433 Punkten, die H. Roth in Wien im Anschluß an 15 Punkte von Franz bzw. Saunder auf einer Platte vermessen hatte, die K. Graff 1926 am 9-m-Refraktor in Bergedorf aufgenommen hat [24]. Insgesamt dürften heute etwas über 4500 Punkte auf der Mondscheibe festgelegt sein. Ihre Koordinaten sind wohl für selenographische Arbeiten im allgemeinen genau genug, d. h. zur Herstellung von Detailkarten als „Paßpunkte" an Hand von Photographien, visuellen Beobachtungen u. dgl. Dagegen sind alle diese Koordinatenverzeichnisse noch individuell und systematisch fehlerhaft, denn

1. liegt ihnen allen der Mond als Kugel zugrunde, es fehlt die dritte Koordinate, die Höhe über der Kugel. (Die ξ-Werte bei Saunder usw. sind nur aus der Beziehung $\xi^2 + \eta^2 + \zeta^2 = 1$ errechnet.)

2. Sie beruhen alle auf den, wie oben dargelegt, unrichtig reduzierten Heliometermessungen von Franz der neun

Punkte erster und zweiter Ordnung und den an sie —
ebenso unvollkommen — angeschlossenen Punkten dritter
Ordnung.

Nun sind zwar die Königsberger und Breslauer Messungen
erfreulicherweise recht ausführlich mitgeteilt, so daß ihre völlige
Neubearbeitung möglich wäre. Leider fehlen mir dazu gegen-
wärtig die Zeit und vor allem rechnerische Hilfskräfte. Vielleicht ist dies möglich in Verbindung mit dem von der Mond-
kommission der IAU vorgeschlagenen neuzugründenden Institut.
An den Ergebnissen der nachstehend durchgeführten genäherten
Verbesserung des Franzschen Koordinatensystems dürfte sich
dann wohl nicht allzuviel ändern. Doch soll zuvor eine Arbeit
von Ritter gewürdigt und ausgewertet werden.

3. Absolute Höhen auf dem Mond nach Ritter

Über ältere Ansätze zu unserem Thema berichten die
Einleitungen der Arbeiten von Franz [18], Mainka [25] und
Ritter [26]. Der Genauigkeit nach kommen heute nur noch
die von Ritter und Franz in Betracht. Insbesondere sind
die älteren Messungen von Franz [18], Mainka und Saunder [27] teils meßtechnisch teils reduktionstechnisch völlig
unzureichend, wie eingehende, hier nicht weiter zu berich-
tende Rechnungen gezeigt haben. Auch steckt in den älteren
Arbeiten meist die nicht begründete Annahme, die geometrische Figur des Mondes sei, gleich der dynamischen, ein
dreiachsiges Ellipsoid, dessen große Achse genau zur Erde gerichtet sei.

Ritter beobachtete — unter Vermeidung aller lokalen
Erhebungen und Senkungen, also der Wälle von Ringforma-
tionen, Gebirgszügen usw. — den genauen Verlauf der Lichtgrenze. Sie wurde in sorgfältiger Schätzung an Hand der Karte
von Goodacre an die Saunderschen Punkte angeschlossen.
Dadurch erhält er ζ_B und η_B, die beobachteten Koordinaten
einer Stelle der Lichtgrenze. Andererseits läßt sich für das
gleiche aus der Mondephemeride die Lage der Lichtgrenze, d. h.
ζ_R für η_B berechnen, wobei der Mond als Kugel vorausgesetzt
wird. Wie Ritter ableitet, ist die Höhe h einer Mondstelle über

bzw. unter der Kugel mit dem Radius 1 dann durch die Formeln gegeben:

$$h = \frac{1 - \eta^2}{\zeta} \cdot (\zeta_B - \zeta_R).$$

Ritter hat so an 70 Abenden etwa 2000 Stellen festgelegt. Sein in den A. N. gegebener Aufsatz ist nur ein Auszug aus einer größeren Dissertation und enthält vor allem nicht die Einzelangaben. Leider sind diese nach Mitteilung von Prof. Kopff auch nicht mehr in Heidelberg vorhanden. Es ist dies um so mehr zu bedauern als einerseits die von Ritter mitgeteilten Formeln zum Teil alte Bekannte sind, andererseits doch noch einige wichtige Zwischenphasen seiner Rechnung nicht erwähnt werden. So versagen z. B. obige Formeln und überhaupt das ganze Verfahren, wenn es sich um $\zeta \approx 0$, d. h. um das erste und letzte Viertel handelt. Dies gilt auch in gewisser Art für die von Jakowkin [28] gegebenen Formeln, die eine prinzipielle Kritik des Ritterschen Ansatzes darstellen. Andererseits glaube ich, daß Jakowkin mit seiner Behauptung, die Rittersche Arbeit sei durch Vernachlässigung des örtlichen Geländewinkels völlig unbrauchbar, über das Ziel hinausschießt, da ja Ritter alle stärkeren Geländeunebenheiten vermieden hat. Auf jeden Fall ist eine kritische Erweiterung der Ritterschen Arbeit dringend nötig. Vorstudien seien der Kürze halber hier nicht mitgeteilt. Alles in allem sind aber meines Erachtens die Karten Ritters doch genügend tragfähig für die nachstehend aus ihnen geschlossenen Folgen.

Ritter gibt eine Profil- und eine Höhenschichtkarte der uns zugekehrten Mondhälfte. Einheit ist bei ihm 10^{-4} des mittleren Mondradius. Gegeben werden die positiven und negativen Abweichungen der einzelnen Oberflächenstellen von einer Kugel. Diese erreichen im Extrem $+ 9{,}7 \cdot 10^{-3}$ bzw. $- 8{,}0 \cdot 10^{-3}$ oder $+ 17{,}3$ und $- 13{,}9$ km, also um das Doppelte größere Beträge, als die Messungen relativer Höhen nach Mädler, Schmidt und ihren Nachfolgern sowie die Randkarte von Hayn [11] im Dörffelgebirge gebracht haben (vgl. auch S. 30).

Ritters Höhenschichtenkarte läßt sich wie folgt kurz beschreiben: Der kraterreiche SW-Quadrant liegt so gut wie vollständig über der mittleren Kugel, im Gegensatz zum NO-Quadranten, der sich durchwegs unter ihr befindet. Auch der NW-Quadrant ist überwiegend negativ. Die 0-Isohypse verläuft etwa von Grimaldi über Landsberg – Ukert—Apenninen—Caucasus—Posidonius nach Hahn. Daneben haben wir horstartige Gebiete, z. B. südlich der Apenninen, im Mare Serenitatis und Mare Tranquillitatis, bei Clavius, Gassendi usw. und tiefe Senken, z. B. östlich von Katharina, beim Sinus Iridum, im Mare Serenitatis usw. Ferner in der Gegend westlich des Mare Crisium und Mare Foecunditatis eine Senke, die auch auf der Haynschen Karte der randnahen Gebiete [11] deutlich hervortritt. Es sei hier schon darauf hingewiesen, daß diese Erscheinungen sich zum Teil auch auf der so unvollkommenen Karte von Franz [18] finden und bei der Neureduktion seiner Messungen in allen wesentlichen Punkten bestätigt wurden.

Soweit Ritters sehr knappe Angaben gehen, ist der m. F. einer Beobachtung der $\zeta \pm 20 . 10^{-4}$ entsprechend $\pm 1,9''$ (reiner Beobachtungsfehler). Eine Abschätzung des m. F. seiner Höhenangaben gibt Ritter nicht. Mit einem mittleren Abstand von 0,5 von der Mondmitte wird der m. F. der h bei einer Beobachtung $\pm 40 . 10^{-4} r$. Beim Zeichnen der Schichtlinien dürften sich diese im Mittel aus mehreren Abenden herunterschleifen und so diese zu etwa $\pm 20 . 10^{-4} r = \pm 3,5$ km zu veranschlagen sein. D. h. die großen Züge seiner Karte sind wohl gewährleistet, auch die Existenz einzelner horstartiger Blöcke oder Einbrüche, kaum aber weitere Einzelheiten.

Bei dieser Genauigkeit ($\pm 2'' = \pm 7'$ selenozentrisch) sind die noch vorhandenen Unsicherheiten in den ζ- und η-Werten von Saunder, bzw. den λ- und β-Werten von Franz, belanglos. Dagegen sind die älteren Karten (Mädler, Schmidt, Neison usw.) nicht genau genug. Es sei auch dahingestellt, ob die Beobachtungsgenauigkeit für die Lage der Lichtgrenze in völlig ebenem Gelände etwa auf photographischem Wege oder durch mikrometrischen Anschluß noch gesteigert werden kann. Spielt doch auch die kontinuierliche Helligkeitsabnahme zum Terminator hin eine Rolle, die dadurch entsteht, daß die Lichtgrenze nicht durch die Mitte der Sonnenscheibe, sondern ihren oberen

Rand bedingt ist. Für die Mitte der Mondscheibe hat dieser „Halbschatten" etwa 4,3″ Breite, ganz dem Beobachtungseindruck entsprechend. Natürlich werden dabei auch die Kleinstruktur und Albedo der Kontinente und Maria sich in verschiedenem Ausmaß bemerkbar machen.

Es wurde nun die Ritter sche Profilkarte wie folgt ausgewertet: Zunächst wurden in Abständen von $0,1\,r$ sowohl in ζ wie in η die Höhenwerte, insgesamt 307, abgegriffen. Nimmt man nun an, die uns zugekehrte Mondseite sei ein beliebig orientiertes dreiachsiges Ellipsoid, so ergeben sich 307 Fehlergleichungen mit sechs Unbekannten $a, b, \ldots$ folgender Form

$$a\zeta^2 + b\zeta\cdot\eta + c\zeta\cdot\xi + d\eta^2 + e\eta\xi + f\xi^2 = h.$$

Bei der Bildung der Normalgleichungen wird leicht ersichtlicherweise ein gut Teil der Produktsummen gleich Null. Nachstehend ist nur das Ergebnis der Ausgleichung nebst dem zugehörigen m. F. angeführt, d. h. die Gleichung des Ellipsoids:

$$+\,0{,}999\,478\,.\,\zeta^2 \underset{\pm\,928}{} -\,0{,}004\,806\,\zeta\cdot\eta \underset{\pm\,1\,272}{} +\,1{,}000\,872\,\eta^2 \underset{\pm\,576}{} +\,0{,}014\,453\,\zeta\cdot\xi \underset{\pm\,1\,000}{} -$$

$$-\,0{,}005\,629\,\eta\cdot\xi \underset{\pm\,1\,008}{} +\,0{,}995\,465\,\xi^2 \underset{\pm\,560}{} =\,1.$$

Hieraus erhält man zunächst für die drei Achsen

$a = 1{,}005\,01 \atop \pm\,30$ bzw. $+8{,}8 \pm 0{,}5$ km Abweichung von der Kugel

$b = 1{,}000\,63 \atop \pm\,15$ „ $+1{,}1 \pm 0{,}3$ „   „   „   „   „

$c = 0{,}997\,33 \atop \pm\,20$ „ $-4{,}7 \pm 0{,}4$ „   „   „   „   „

und damit die Abplattungen $1:129$ bzw. $1:226$ (Erde $1:297$).

Für die Lage der drei Pole des Ellipsoids ergibt sich

$$\left.\begin{array}{l}\lambda_A = +\ 8{,}6° \\ \beta_A = -\ 32{,}2\end{array}\right\}\ \text{nahe bei Stöffler}$$

$$\left.\begin{array}{l}\lambda_B = +\ 78{,}8 \\ \beta_B = +\ 32{,}0\end{array}\right\}\ \text{nahe dem Rande bei Hahn}$$

$$\left.\begin{array}{l}\lambda_C = -\ 44{,}4 \\ \beta_C = +\ 62{,}6\end{array}\right\}\ \text{nahe bei Harpalus (Sinus Iridum).}$$

Die große Achse des geometrischen Mondkörpers (Vorderseite) liegt also völlig windschief zur Richtung der Erde, zur Ekliptik und zum Mondäquator. Wird in obiger Gleichung $\xi = 0$ gesetzt, so erhält man die Gleichung für den Mondrand:

$$+\, 1{,}000\,872\, \eta^{"} - 0{,}004\,806\, \zeta \cdot \eta + 0{,}999\,478\, \zeta^2 = 1.$$
$$\pm\, 576 \qquad\qquad \pm\, 1\,272 \qquad\qquad \pm\, 928$$

Wir haben also eine Ellipse, deren Achsendifferenz bzw. Richtung, nach Maßgabe der m. F. nicht im geringsten verbürgt ist. Aus Ritters Karte folgt also, daß der Mondrand mit einer Genauigkeit 1 : 5000 ein Kreis ist. Dies ergibt sich — nebenbei bemerkt — in Anwendung eines Satzes aus der Geometrie eines dreiachsigen Ellipsoids auch aus der Lage des mittleren Pols so nahe dem Mondrande.

Es sind in obiger Gleichung die Koeffizienten von $\xi\zeta$, $\xi\eta$ und ξ^2 — eine dritte Formulierung desselben Tatbestandes — nach Maßgabe ihrer m. F. nicht verbürgt, so daß wir berechtigt sind, den Mondrand streng als Kreis festzulegen. Dann entfallen drei der sechs Unbekannten unserer Ausgleichung und man erhält als zweite Lösung die Werte:

Große Achse: 7,3 km länger als die mittlere, Pol $\lambda_1 = +\,16{,}^\circ0$, $\beta_1 = -\,31{,}^\circ2$, d. h. bei Gemma Frisii.

Kleine Achse: 5,6 km kürzer als die mittlere, Pol $\lambda_3 = -\,23{,}^\circ5$, $\beta_3 = +\,51{,}^\circ8$, d. h. zwischen Plato und Harpalus.

Naturgemäß unterscheiden sich diese Werte kaum von der ersten Lösung. Sie sind in der Hauptsache wegen des Vergleichs mit den Ergebnissen der Franzschen Messungen hier angeführt.

Bringt man — entsprechend der ersten Lösung — die Differenz Ellipsoid—Kugel an die 307 Fehlergleichungen an, so kann man mit den verbleibenden Resten eine grobe Höhenschichtenkarte relativ zum Ellipsoid zeichnen. Kennzeichnend für sie ist das Verbleiben der Horste und Dellen. Im übrigen liegt dann ein breiter Gürtel etwas höher als die Ellipsoidoberfläche, etwa im Zuge der oben angeführten 0-Isohypse, an den nördlich und südlich etwas niedrigere Gebiete angrenzen.

1905 hat Franz [22] auf die Existenz eines Gürtels der Maria hingewiesen, der sich über die sichtbare Scheibe hinaus auch in den rückwärtigen Teilen fortsetzt, die durch die optischen Librationen zugänglich werden. Der Südpol dieses Gürtels, bei $\lambda = -15°46'$ $\beta = -69°5'$, hat $42°0$ Grad Abstand vom Pol der großen Achse des geometrischen Ellipsoids, was angesichts der Unsicherheit der Lagebestimmung beider Pole nicht viel ist. Man könnte also an einen selenologischen Zusammenhang zwischen dem Gürtel der Maria und der geometrischen Figur des Mondes denken.

In der genannten Arbeit hat Franz ferner in Feldern von 10×10 Grad Länge und Breite den Anteil der dunklen Stellen, also an Maria, Paludes usw., ermittelt. Es wurden nun der Ritterschen Höhenschichtenkarte für diese Felder die Höhen und Tiefen über der Kugel (bzw. nach Umrechnung über dem Ellipsoid) entnommen. Es handelte sich um 51 Felder. Dabei ergab sich als mittlere Höhe der Maria sowohl relativ zur Kugel, wie zum Ellipsoid $-0,3 \pm 0,5$ km. Die Streuung beträgt $\pm 3,8$ km, der Korrelationskoeffizient zwischen Ausmaß des Mare-Anteils in den einzelnen Feldern und der Höhe beträgt $-0,05 \pm 0,14$. Im Durchschnitt liegen also die Maria im gleichen Niveau wie die Kontinente, was offenbar im Widerspruch zu der landläufigen Ansicht steht. Gewiß brechen die Apenninen oder der Sinus Iridum steil ab zu dem Mare Imbrium. Man braucht aber nur die Rittersche Mondkarte durchzupausen und auf eine Mondkarte gleichen Maßstabes zu legen (z. B. in Schurigs Himmelsatlas), um zu sehen, daß es an zahlreichen Stellen hochliegende Gebiete in den Maria gibt, z. B. Mare Nubium, Foecunditatis, Tranquillitatis, Serenitatis. Der oben erwähnte Gürtel nahe der 0-Isohypse verläuft zum großen Teil durch dunkle Gebiete. Andererseits haben wir tiefe Stellen in den Kontinenten, z. B. nahe dem Nordpol, am ganzen Westrande, bei Herodot, Tycho usw.

Das Ganze ist natürlich für die Frage der Entstehung der Maria und die Selenologie überhaupt sehr beachtlich. Gewiß gibt es überall Spuren überfluteter Ringformen wie Fracastor, Cassini, Posidonius. Die Flutwelle war aber örtlich sehr verschieden stark, es wurde im Bereich der scheinbar so flachen Maria eben kein gleichmäßiges Niveau entsprechend den irdischen Ebenen Osteuropas oder Nordasiens erzielt (Vgl. auch S. 25).

4. Absolute Höhen auf dem Monde auf Grund der Messungen von Franz

Ritter bemerkt zwar am Schluß seiner Arbeit, daß seine Karte in großen Zügen mit der von Franz [6] übereinstimme. Diese beruht auf nur 68 gutteils nahe dem Zentrum gelegenen markanten Punkten, kleinen Kratern, Bergspitzen u. dgl. Von den oben (S. 9) erwähnten Einwänden abgesehen, ist das photographische Reduktionsverfahren sehr anfechtbar (Berücksichtigung des Profils, Bestimmung der Maßstabsänderungen, der Irradiationseinflüsse usw.), ganz abgesehen von der unmöglichen Art der Mittelwertbildung bei Punkten mit weniger als drei Plattenkombinationen. Dabei ist das Prinzip von Franz, absolute Höhen über der Kugel zu ermitteln, durchaus einwandfrei.

Er kombiniert die ihm zur Verfügung stehenden fünf Platten, die am großen Refraktor der Lick-Sternwarte aufgenommen waren, paarweise so, daß möglichst starke optische Librationsausschläge vorlagen. Es wird dann ein hochgelegener Punkt gegenüber einem tieferen eine stärkere Verschiebung erfahren. Dieser stereoskopische Effekt ist am besten in der Mitte der Mondscheibe zu messen und verschwindet zum Rande hin, also umgekehrt wie bei Ritters Terminatorverfahren.

Da sich gegen Ritters Arbeit, wie geschildert, allerlei Bedenken erheben lassen, war es dringend nötig, noch einen zweiten Weg zur Bestimmung der Mondfigur einzuschlagen. Dies war möglich, durch Anwendung des stereoskopischen Prinzips auf die von Franz in seiner späteren Arbeit [19] ausführlich mitgeteilten Messungen an 150 Punkten auf den gleichen fünf Lickplatten.

Doch zuvor eine kurze Genauigkeitsbetrachtung. Es sei K_0 der selenozentrische Abstand eines Punktes der Mondoberfläche von der Richtung zur Erde bei der Libration o, l die optische Libration, h die Höhe des Punktes in Einheiten des

Mondradius über der Kugel. Es ändert sich dann K_0 um $\Delta K = h \cdot \text{tg}\, K_0$. Also z. B. für $K_0 = 27°1$ und $h = 20 \cdot 10^{-4} r = 3,4$ km wird $\Delta K = 1,74 \cdot 10^{-3}$, was $0,6'$ auf der Mondoberfläche oder $0,16''$ von der Erde aus gesehen, entspricht. Nach Franz ist der m. F. einer Koordinate bei der meßtechnisch mustergültigen Auswertung der fünf Lickplatten $\pm 1,0'$, d. h. aber: Es bedarf schon der langbrennweitigen Aufnahmen, um über den Stereoeffekt hin die Mondfigur zu ermitteln. Es kann nicht wundern, daß andere Versuche in dieser Richtung fehlschlugen, wie z. B. die von Gussew oder auch neuere in Paris. Auch dann liegt im Einzelfall die Bestimmung von h an der Grenze der Meßbarkeit. Das Problem liegt etwa ähnlich wie bei den trigonometrischen Parallaxen von Fixsternen. So steht der Stereoeffekt in seinen Genauigkeitsanforderungen in vollem Gegensatz zu der Terminatormethode (wiederum vergleichbar den trigonometrischen und photometrischen Parallaxen von Sternen über 25 parsec. Distanz).

Franz hat nun erfreulicherweise die Messungen ganz ausführlich veröffentlicht, so daß man die gesamte Rechnung mit neuen Grundlagen und bei jedem Punkt neben λ und β auch die absolute Höhe h als Unbekannte zu wiederholen hätte. Dazu müßte das umständliche Formelschema von Hayn [8] (S. 52) 750 mal fünfstellig durchgerechnet werden und anschließend für jeden Punkt eine Ausgleichung mit drei Unbekannten und zehn Fehlergleichungen, eine Arbeit, die nur durch Einsatz von Hilfsrechnern zu bewältigen wäre. Die Krakauer selenographischen Hilfstafeln [45] könnten die Rechnung wohl stark erleichtern.

Es hat aber W. H. Pickering [29] einen wesentlich einfacheren und genügend genauen Näherungsweg gewiesen, der nachstehend wiedergegeben sei. Wir bezeichnen eine einzelne der fünf Platten mit dem Index i. Es sei z die Libration in Länge oder Breite für eine einzelne Platte, z_0 der Mittelwert aus allen fünf Platten, $z_i = z - z_0$, λ_0 bzw. β_0 die Mittelwerte nach der Arbeit von Franz [19], $\lambda = \lambda_0 - z_0$, entsprechend für β. x_i die Differenz der Längen- bzw. Breitenwerte für die einzelne Platte gegenüber dem Mittel, in selenozentrischen Bogenminuten. Die absolute Höhe eines Punktes über der mittleren Kugel h ist dann, wie sich leicht ableiten läßt

$$h_i = \frac{x_i}{\cos{(\lambda - z_1)}\,[\mathrm{tg}\,(\lambda - z_i) - \mathrm{tg}\,\lambda]},$$

analog in Breite. Man erhält so zweimal fünf Einzelwerte für h_i. Sie erhielten zur Mittelung verschiedenes Gewicht, proportional den z_i-Werten. Diese Mittelwerte seien mit h bezeichnet. An die Mittelwerte der Längen von Franz ist dann als Verbesserung anzubringen $\Delta \lambda = h \cdot \mathrm{tg}\,(\lambda - z_1)$ (analog in β).

In dieser Art wurden die rund 1500 Differenzen „Einzelplatte gegen das Mittel" ein erstes Mal durchgerechnet. Die erhaltenen 150 Höhenwerte machten nach Vorzeichen und Größe einen ganz brauchbaren Eindruck. Natürlich wurden sie sofort mit der Ritterschen Höhenkarte verglichen, bzw. es wurde der lineare Korrelationskoeffizient beider Kollektive ermittelt. Dieser, $+0{,}36 \pm 0{,}07$, war nicht besonders groß, wenn auch reell. Ferner lagen anscheinend systematische Abweichungen zwischen beiden Reihen vor, je nach der Lage der einzelnen Punkte auf der Mondscheibe. Auch waren im Durchschnitt die Höhen (Tiefen) nach Franz nur knapp halb so groß als nach Ritter.

Gewiß lassen sich gegen die Ritterschen Höhenwerte Einwände erheben (siehe oben), doch glaube ich nicht, daß sie wesentlich die Differenzen Ritter-Franz erklären können. Dagegen sind tatsächlich die soweit errechneten Werte aus den Breslauer Messungen noch nicht einwandfrei. Bei der Kleinheit des stereoskopischen Effektes (siehe oben) machen sich die noch fehlerhaften Annahmen von Franz für die Lage des (in Bezug auf die erzwungene physische Libration) mittleren Mondäquators bemerkbar, ferner die fehlerhaften Konstanten und Formeln für diese selbst. Es wurden also für alle 150 Punkte auf den fünf Platten die optische und physische Libration mit den Haynschen Formeln und Konstanten, so wie sie seit 1920 im Berliner Jahrbuch benutzt werden, neu berechnet. Ihre Abweichungen von den Angaben in der Arbeit von Franz [19] sind durchaus systematischer Natur. In der Hauptsache rücken alle Längen etwa $1'$ nach Osten und alle Breiten ebensoviel nach

2*

Süden. Außerdem bewirkten die unvollkommenen Rechnungen von Franz eine Verkleinerung des stereoskopischen Effektes.

Die Verbesserung der Librationswerte wurde an die einzelnen Längen und Breiten von Franz angebracht, so neue Mittelwerte gewonnen und Abweichungen von diesen, d. h. neue z_i. Es konnte nun die Berechnung der absoluten Höhen nach obigem Verfahren ein zweites Mal erfolgen, so daß sie schließlich auch die Verbesserungen der Längen und Breiten wegen der Höhen ergab.

Die große Tabelle am Schluß dieser Arbeit enthält dementsprechend folgende Spalten:

1. Nummer des Punktes, soweit er im Sammelkatalog von Saunder [23] enthalten ist.
2. Nummer nach Franz [19].
3. Name des Objekts. Hiebei sind einzelne Berichtigungen entsprechend den Angaben von Franz [21] sowie die etwas stärkeren Koordinatenänderungen von Nr. 39 (Drebbel) berücksichtigt.
4. Selenozentrische Länge nach Franz.
5. Desgleichen nach der Neureduktion.
6. Selenozentrische Breite nach Franz.
7. Desgleichen nach der Neureduktion.
8. Absolute Höhe über der mittleren Mondkugel in Einheiten von $10^{-4}r$. $0{,}174 \cdot h$ gibt dann die absolute Höhe in km.
9. Durchmesser des Fixpunktes in km auf Grund der Angaben von Franz [19], der hierfür selenozentrische Bogenminuten hat.
10. Tiefe des „Kraters" relativ zu seinem Wall in km.
11. Höhe des Walls relativ zu seiner Umgebung in km.
12. Bemerkungen.

Die relativen Höhen und Tiefen der Krater wurden durch Beobachtungen von Herrn Dipl.-Ing. Ch. Behrmann und dem Verfasser gewonnen, die sie während des Jahres 1950 in Hannover anstellten. Instrumente: vierzölliger Refraktor mit 150facher Vergrößerung im Besitze von Herrn Behrmann und der siebenzöllige Refraktor, Vergrößerung 180fach, des Geodätischen Instituts der Technischen Hochschule Hannover. Insgesamt handelt es sich um etwa 450 Beobachtungen von Herrn Behrmann und 150 vom Verfasser, der auch das Verfahren vorschlug und die Ergebnisse kritisch sichtete. Die Beobachtungen selbst bestanden darin, daß die Länge des Schattens des Kraterwalles außen und innen sorgfältig in Zehnteln des Kraterdurchmessers geschätzt wurden, wenn die Objekte nahe der Lichtgrenze waren. Mit der Beobachtungszeit und den Koordinaten der Krater (nach Franz) lassen sich zusammen mit den Angaben des Nautical Almanac für physische Mondbeobachtungen die Zenitdistanzen der Sonne für den betreffenden Mondort leicht ableiten und anschließend mit dem Kraterdurchmesser und der Schätzung der Schattenlänge die gesuchten Höhenangaben [3]. Die Tiefenwerte dürften auf etwa $\pm$ 0,3 bis 0,5 km genau sein, die Wallhöhen etwa $\pm$ 0,2 bis 0,3 km.

Nebenbei bemerkt: Systematische Bestimmungen von relativen Höhen einzelner Mondobjekte sind anscheinend in diesem Jahrhundert noch nicht angestellt worden. Man trifft in der Literatur immer nur die Angaben von Mädler (1830) und Schmidt (1870). Wenn sie auf Meter genau mitgeteilt werden, so ist dies natürlich nur der für ihre Zeit noch übliche Dezimalstellenluxus. Tatsächlich dürften die Höhenwerte nur auf 0,2 — 0,3 km genau sein, schon angesichts der damals mangelhaften Rechenunterlagen für die Koordinaten der Punkte.

Die Angaben für die Dimensionen dieser 150 Objekte wurden noch einer kleinen statistischen Betrachtung unterzogen, die in der Tabelle 3 zusammengefaßt ist:

Tabelle 3

	Durchmesser	Tiefen	Wallhöhen
Mittelwerte	15,0	2,23	0,45
Streuung in km	6,5	0,82	0,40

Der lineare Korrelationskoeffizient zwischen Wallhöhen und Durchmesser beträgt $+$ 0,144 $+$ 0,088, d. h. er ist nach Maßgabe der in der Statistik üblichen Kriterien nicht verbürgt, die Wallhöhe hängt kaum vom Kraterdurchmesser ab. Tatsächlich ließen

sich bei diesen relativ kleinen Objekten, auch wenn sie recht
nahe der Lichtgrenze lagen, in einer ganzen Anzahl Fälle kei-
nerlei Schatten der Wälle auf die Umgebung sehen, sie mußten
also unter 0,2 km Höhe haben. Im übrigen wächst die Wallhöhe
mit dem Durchmesser der Krater (hier!) nicht an.

Anders ist es bei der Beziehung Kratertiefe zu Durch-
messer. Hier ist der lineare Korrelationskoeffizient $+ 0{,}42 \pm 0{,}08$,
es werden also mit zunehmendem Durchmesser die Krater tiefer.
Aus der Gleichung der einen zugehörigen Regressionsgeraden
erhält man folgende kleine

Tabelle 4

Durchmesser in km	Tiefe in km	Verhältnis	Verhältnis nach Baldwin
15	2,3	1: 6,5	1:10
25	2,7	1: 8,3	1:13
35	3,2	1:11,0	1:15

Die letzte Spalte ist der graphischen Darstellung von Baldwin [30] entnommen, der das ihm zugängige Material zusammen-
trug, angefangen von den größten Mondformationen, wie Clavius
bis zu den irdischen Meteorkratern, sowie Explosions- und
Bombentrichtern, um so die Aufsturztheorie von Meteoren für
die Entstehung der Mondformationen zu stützen.

Es war nach der zweiten Bearbeitung der Franzschen Messung der mittlere Fehler einer Höhenangabe in der Schlußtabelle,
also des Mittels aus den zehn Einzelwerten, $\pm 15 \cdot 10^{-4}\,r =$
$= \pm 2{,}7$ km, etwa von derselben Größenordnung wie bei Ritter
(siehe oben). Der Durchschnittsbetrag der absoluten Höhen ist
$+ 7{,}6 \cdot 10^{-4} = + 1{,}3$ km (bedingt dadurch, daß sich die Punkte
in der aufgewölbten Mitte der Mondscheibe häufen), ihre Streuung beträgt $\pm 2{,}2 \cdot 10^{-4} = \pm 3{,}8$ km. Es kann also nach Maßgabe der mittleren Fehler nur ein Teil der Höhenwerte als
verbürgt angesehen werden, ganz wie die trigonometrischen
Fixsternparallaxen unter $0{,}''040$. Und dies trotz der Platten
eines 17 m-Refraktors, was die Schwierigkeiten der stereoskopischen Methode, die Mondfigur zu ermitteln, eindrucksvoll
beleuchtet. Es dürfte künftig wohl das Rittersche Verfahren,

allerdings verfeinert, zweckmäßiger sein. Daß unter diesen Umständen der lineare Korrelationskoeffizient Ritter-Franz sich nur mäßig hoch ergab, $+ 0{,}43 \pm 0{,}07$, ist zu verstehen. Er besagt, daß sich beide Reihen von Höhenwerten in der Hauptsache bestätigen. Das Maßstabsverhältnis Franz-Ritter wird etwa $0{,}7$. Die grundsätzliche und weitgehende Übereinstimmung beider Versuche, die Mondfigur zu bestimmen, geht aber besser aus den folgenden Darlegungen hervor.

Es wurde für die 150 Höhenwerte der gleiche Ansatz wie bei Ritter gemacht, d. h. die Konstanten eines dreiaxigen Ellipsoides so ermittelt, daß der Mondrand genau ein Kreis wird. Um 150 „Fehlergleichungen" zu vermeiden, wurden benachbarte Punkte zusammengefaßt, so daß 28 Normalwerte von ζ, η und h entstanden, die dann in üblicher Art ausgeglichen wurden. Es ergab sich:

Streuung der Höhenwerte
    vor der Ausgleichung $\pm 6{,}2 \cdot 10^{-4}\,r = \pm 10{,}0$ km

Streuung der Höhenwerte
    nach der Ausgleichung $\pm 2{,}3 \cdot 10^{-4}\,r = \pm 4{,}8$ km,

also wieder eine wesentliche Verminderung.

Ferner

$$h = \underset{\pm 272}{+ 3{,}774}\ \xi^2 + \underset{\pm 0{,}610}{0{,}370}\ \xi \cdot \zeta - \underset{\pm 0{,}723}{1{,}158}\ \xi \cdot \eta \quad \text{in Einheiten von } 10^{-4}\,r.$$

Wird bei der Unsicherheit des zweiten Koeffizienten dieser $= 0$ gesetzt, so werden:

Große Achse $+ 3{,}9 \cdot 10^{-4} \pm 0{,}3 \cdot 10^{-4} = + 6{,}8$ km $\pm 0{,}5$ km
    größer als die mittlere Kugel
Kleine Achse $- 0{,}1 \cdot 10^{-4} \pm 0{,}1 \cdot 10^{-4} = - 0{,}2$ km $\pm 0{,}2$ km
    kleiner als die mittlere Kugel,

also praktisch das gleiche wie bei Ritter.

Pol der großen Achse $\lambda \approx 0° \quad \beta = -\ 8°{,}1$ zwischen Ptolemaeus
    und Hipparch,
Pol der kleinen Achse $\lambda \approx 0° \quad \beta = + 81°{,}9$ bei Anaxagoras,

also auch in den gleichen Oktanten wie bei Ritter. Daß die Lage der Pole der großen Achse bei Ritter und Franz um 26° differiert, ist nicht erstaunlich bei Ellipsen so geringer Exzentrizität.

Es läßt sich nicht gut entscheiden, welches der beiden Ellipsoide mehr Vertrauen verdient. Ritters Werte sind in der Mitte der Mondscheibe weniger sicher aus dem Beobachtungsprinzip heraus. Franz hat nur wenig randnahe Stellen, besonders im NO-Quadranten.

Da die durchschnittliche Wallhöhe dieser Objekte nur 0,4 km beträgt, ist sie praktisch ohne Einfluß auf die Berechnung des Ellipsoids.

Damit dürfte die Frage nach der Figur der uns zugekehrten Mondseite doch wohl erheblich geklärt sein.

Bei der Neubearbeitung der Franzschen Messungen ergaben sich in den Spalten 5, 7 und 8 der Schlußtabelle die Polarkoordinaten der 150 Punkte. Mit den Beziehungen $\xi = (1 + h) \cos \beta \sin \lambda$, $\eta = (1 + h) \sin \beta$ wurden die entsprechenden rechtwinkligen berechnet und für die 138 mit Saunders Hauptkatalog gemeinsamen entsprechend verglichen. Ähnlich wie bei der Ableitung der Ellipsoidkonstanten wurden Normalorte gebildet und diese mit folgenden Ergebnissen ausgeglichen:

$$H_o - S_a)_\xi = - 1,18 \quad - 3,85 . \zeta \quad - 0,46 . \eta$$
$$\pm 12 \quad\quad \pm 50 \quad\quad \pm 58$$
$$(H_o - S_a)_\eta = + 0,69 \quad - 0,50 . \zeta \quad - 0,76 . \eta$$
$$\pm 27 \quad\quad \pm 63 \quad\quad \pm 48$$

Mittlerer Fehler der Gewichtseinheit $\pm 2,4$ bzw. 3,0.

Alles in Einheiten von 10^{-3} Mondradien $= 1,07'' = 2,91$ selenozentrische Bogenminuten $= 1,74$ km. D. h. aber: die Nullpunkte beider Koordinatensysteme sind etwas verschieden, was an der Verbesserung gutteils der optischen Librationsrechnung liegt. Ferner haben beide Systeme praktisch die gleiche Orientierung, dagegen sind die Maßstäbe besonders in ξ merklich verschieden, die Neureduktion durch Hopmann ist etwas kleiner als Saunders Werte. Dies hängt damit zusammen, daß die Ost- bzw Nordseite der Mondscheibe relativ zur Kugel tiefer liegen als der Westen bzw. der Süden. Die mittleren Fehler der Gewichtseinheit gehen zum größten Teil auf den mittleren Fehler unserer h-Werte zurück, daneben noch auf die Unsicherheiten der Saunderschen Messungen. Bei seinem engen Anschluß an Franz hatte Saunder als mittlere Differenz $\pm 2{,}5 \cdot 10^{-4}$ abgeleitet.

5. Zur Konstitution und Geschichte des Mondes

Die höhere Geodäsie zieht aus den geographischen Ortsbestimmungen, Triangulationen, also geometrischen Daten einerseits, den Lotabweichungen und dem Verhalten der Schwerebeschleunigung, also dynamischen Daten andererseits, Schlüsse über die Figur und Massenverteilung der Erde. So soll auch versucht werden, was sich aus den selenodätischen Ergebnissen der vorstehenden Seiten Analoges über den Mond aussagen läßt.

Die Ausführungen des letzten Abschnittes haben eindeutig ergeben, daß sich auf den Südwestteilen der uns zugekehrten Mondoberfläche eine Aufwölbung befindet, die als ein schrägstehendes dreiachsiges Ellipsoid behandelt werden kann. Damit ist aber nicht gesagt, daß dies auch für die Rückseite des Mondes gilt! Im Gegenteil. Nehmen wir einmal an, daß die Form der Rückseite im wesentlichen einer Kugel entspricht, so hätten wir eine ähnlich unregelmäßige Figur wie die der Erde, wenn wir etwa die Hälfte von 40° westlicher bis 140° östlicher Länge der anderen gegenüberstellen: einerseits Afrika, Europa, Asien mit dem Schwerpunkt etwa in Arabien, in 20° bis 30° Nordbreite, den riesigen Hochflächen und Gebirgen Innerasiens, dem Atlantik, nördlichen Eismeer und indischen Ozean am Rande. Auf der anderen Erdhälfte das Riesenbecken des Pazifik und nur am Rande Nord- und Südamerika, Australien und Teile von Ostasien. Denkt man sich die Ozeane leer, so käme man im Durchschnitt für die beiden Erdhälften auf Unterschiede von mindestens 5 km. Trotzdem ist die Erde als Ganzes isostatisch fast ausgewogen.

Wenn die Rückseite des Mondes kein Gegenstück zur Auswölbung der Vorderseite hat, so braucht der Schwerpunkt des Mondes nicht mehr mit dem Figurenmittelpunkt zusammenfallen. Dies ist in der Tat der Fall, wie die Greenwicher

Meridiankreisbeobachtungen und die Bearbeitung der Leipziger photographischen Positionsbestimmungen Hayns durch S. Böhme [31] gezeigt haben. Danach liegt der Schwerpunkt $0,52'' = 0,94$ km südlich der Figurenmitte, der Richtung und Größenordnung nach ganz das, was nach der geometrischen Aufwölbung zu erwarten ist. Die Lage des Schwerpunktes in Ost-Westrichtung bzw. in Richtung auf die Erde relativ zur Figurenmitte läßt sich leider aus Positionsbestimmungen nicht ermitteln.

Wie steht es nun mit der Hypothese, daß sich vor vielen Millionen Jahren, als der Mond noch glutflüssig war, er durch Gezeitenreibung in seiner Rotation sich seiner Umlaufsbewegung um die Erde anpaßte und dabei einen zur Erde gerichteten Flutberg bekam? Diese Ansicht läßt sich meines Erachtens in ihrer gegenwärtigen Form, wie sie zuletzt etwa Jeffreys [32] gegeben hat, nicht aufrecht erhalten.

Zunächst ergibt sich aus der Neigung des Mondäquators und der Größe f seiner Rotationstheorie für die Differenz seiner Hauptträgheitsmomente $B - C = 0,0004604$. Hierbei sind Hayns Werte zugrunde gelegt. (Die Rechnungen zu diesem Abschnitt waren gutteils durchgeführt, ehe ich die Arbeit von Koziel [5] kennenlernte und die Neubearbeitung der Franzschen Messungen durchführte. Die Unterschiede der definitiven Werte von Tabelle 1 gegenüber den hier verwendeten sind für das Folgende völlig belanglos. Das gleiche gilt für die Unterschiede zwischen der Mondfigur aus Ritters Beobachtungen bzw. den Messungen von Franz.)

$$\text{Mit } f = \frac{C-B}{C-A} = 0,725 \pm 0,015 \text{ wird } \frac{C-A}{C} = 0,0006307$$

$$\frac{C-B}{C} = 0,0004604.$$

Nimmt man den Mond als homogen an, so folgt hieraus als Differenz der großen zur Erde gerichteten Achse gegen die kleine zum Pol $1,1$ km und mittlere gegen kleine $0,3$ km, völlig im Widerspruch zu den selenodätisch-geometrischen Werten. Auch ein Dichterwerden des Mondes zur Mitte hin — ähnlich wie bei der Erde — würde nach Jeffreys [32] nur eine Änderung von etwa 10% bedeuten, also nichts Wesentliches.

Aus der Fluttheorie von Laplace, verbessert durch Jeffreys, ergibt sich weiter bei dem heutigen Abstand Erde—Mond für die Achsendifferenzen 64 m, bzw. 16 m, Beträge, die weit unterhalb des Feststellbaren bleiben (selbst bei der Figur der Erde!). Die Flutberge sollen aber früher sehr viel größer gewesen sein, als in Anlehnung an die Darwinschen Untersuchungen [33] der Mond der Erde noch sehr nahe war. Ja, Baldwin [30] hat aus einer Diskussion der Messungen von Franz [6] und Saunder [27], die allerdings, wie eben ausgeführt, völlig unzureichend sind, die Verlängerung des Mondes zur Erde abgeleitet und dann mit Jeffreys Formeln den Zeitpunkt berechnet, wann dieser Flutberg entstand und erstarrte.

Meines Erachtens sind diese Überlegungen nicht haltbar. Es müßte nämlich im Rahmen der Flutbergtheorie ständig $\dfrac{B-A}{C-A} = 0{,}75$ oder was dasselbe ist, $f = \dfrac{C-B}{C-A} = 0{,}25$ sein. Jeffreys sieht in dem Werte $f = 0{,}72$ nach Hayn irrtümlicherweise eine Bestätigung seines theoretischen Wertes von $\dfrac{B-A}{C-A}$, tatsächlich widerspricht aber f völlig dem theoretischen Werte $0{,}25$. Die beobachtete Dynamik der Mondrotation gibt also keine Bestätigung der Flutberghypothese. Sodann ist ja die große Achse der geometrischen Mondfigur, falls es sich um einen erstarrten Flutberg handeln sollte, gar nicht zur Erde gerichtet, steht vielmehr völlig windschief. Nimmt man ferner den Mond als homogen an, so folgt aus den Abmessungen des aus Ritters Beobachtungen abgeleiteten Ellipsoids für das Verhältnis der Hauptträgheitsmomente $\dfrac{C-A}{C} = 0{,}00770$, $\dfrac{C-B}{C} = 0{,}00330$, sowie $f = 0{,}43$ (nebenbei bemerkt, sind diese Werte größer als $\dfrac{C-A}{B}$ für die Erde $0{,}0032726$). Alle drei Zahlen sind in vollem Widerspruch sowohl zu denen der Fluttheorie, die hierfür nach Jeffreys $0{,}0000375$ bzw. $0{,}0000094$ bzw. $0{,}25$ ergibt, wie auch nach den doch gut gesicherten dynamischen Werten, die oben angeführt sind.

Wie kommt man nun aus allen diesen Widersprüchen heraus? Am einfachsten wohl auf folgendem Wege, der natürlich auch viele Fragen für spätere Beantwortung offen läßt. Man verzichtet auf die Annahme, daß der Mond schon in der Zeit seiner Zähflüssigkeit ein Begleiter der Erde war, nimmt vielmehr an, daß er sich erst selbständig als fünfter der inneren Planeten bildete und dann von der Erde eingefangen wurde.

Zur Beurteilung derartiger Hypothesen sind nicht so sehr die Geologen als die mit himmelsmechanischen Problemen vertrauten Forscher zuständig. Hier haben sich aber die maßgeblichen Autoritäten einhellig zumindest sehr skeptisch, wenn nicht ablehnend, der These gegenüber geäußert, daß der Mond ein Abkömmling der Erde sei. So brachten Darwin [33], Jeffreys [32] und Kienle [34] ihre Bedenken vor. Eine eingehende kritische Studie gibt Nölke [35]. Ein Abschleudern aus der in wenigen Stunden heutiger Zeitrechnung damals rotierenden Erde ist nach ihm völlig unmöglich wegen der „Gefahren" der Rocheschen Grenze. (Damit entfällt auch die gelegentlich aufgestellte Behauptung, das Becken des Nordpazifik sei eine Narbe, herrührend von der Geburt des Mondes.) Höchstens könnte sich nach Nölke der Mond gebildet haben, als die Gasmassen, aus denen die Erde und er gleichzeitig entstanden, noch eine Kugel vom Vielfachen der heutigen Erde bildeten, in denen sich dann die beiden Körper getrennt zusammenfanden.

Anders ist es mit der Einfangtheorie. Daß unser Mond unter den übrigen Satelliten des Sonnensystems eine Ausnahme darstellt, ist oft genug betont worden. Seinen ganzen physikalischen Verhältnissen nach (Radius, Masse, mittlere Dichte usw.) setzt er die Reihe Erde-Venus-Mars-Merkur als fünfter der inneren Planeten fort, wie u. a. die Arbeit von Widorn [36] gezeigt hat. Ja, man könnte ohne Bruch diese Linie zu den vier hellsten der kleinen Planeten fortsetzen. Die Entstehung des Mondes gleichzeitig oder kurz nach oder auch kurz vor der Erde ließe sich in die Kosmogonie von v. Weizsäcker [37] wohl ohne Schwierigkeit einbauen, und — um die andere der beiden wichtigsten heutigen Theorien zu nennen — nach Alfvén [38] ist der Mond sogar erheblich älter als die Erde.

Die bisherigen himmelsmechanischen Ansätze zur Einfangtheorie, so z. B. [35], können meines Erachtens noch nichts entscheiden. Da die analytischen Schwierigkeiten zu groß sein
dürften, müßte man dabei nach Art der Kopenhagener Arbeiten
zum Problème restrainte vorgehen. Thüring [39] hat für die
Librationsbahnen der Trojaner zeigen können, bis zu welchem
Ausmaß sich diese von den Lagrangeschen Punkten entfernen
können, ohne daß ihre Bahnen instabil werden. Man kann aber
diese Ergebnisse nicht ohne weiteres auf das System Erde-Mond
übertragen, diesem also eine frühere Trojanerbahn zumuten.
Denn einmal ist diese Masse der Erde 300mal kleiner als die
Jupiters, sodann käme auf einer Trojanerbahn mit starker Libration der Mond doch oft genug der Venus näher als der Erde,
ganz abgesehen von dem dann noch erheblich stärkeren Schwere-
felde der Sonne. Es bleibt immerhin denkbar, daß der Mond
aus einer Librationsbahn großer Amplitude durch Venus einmal
herausgeworfen wurde und es dann zum Einfangen durch
die Erde kam. Es ließe sich diese Hypothese aber wohl nur,
wie angedeutet, durch ein „experimentelles Rechnen“ mit Zu-
hilfenahme einer Elektronenmaschine prüfen.

Nehmen wir aber an, daß sich der Mond unabhängig von
der Erde entwickelt hat, so ergibt sich folgendes Bild:

Die den Mond bildenden meteoritenartigen Massen formten,
ähnlich den vier anderen inneren Planeten, nahezu eine verhältnismäßig homogene Kugel. Es sieht so aus, als ob mit ab-
nehmender Masse die Abweichungen von der Kugel immer
stärker werden, bis schließlich z. B. bei Eros ein stark abgeplattetes dreiachsiges Ellipsoid entsteht. So ist geometrisch
wenigstens die eine Hälfte des Mondes stärker abgeplattet als
die Erde, trotz seiner sehr langsamen Rotation. Der Schwerpunkt der so entstandenen Kugel, die bei ihrer geringen Masse
sich gewiß schnell abkühlte und eine feste Oberfläche bekam,
fällt zwar nicht mit dem geometrischen Mittelpunkt zusammen,
doch ist bei ihrer Bildung ein so hochgradiger Ausgleich der
Massen erfolgt, daß sich die Hauptträgheitsmomente um weniger
als 1:1500 unterscheiden. Zur Zeit der Verfestigung der Oberfläche dürften Meteoriten in wesentlicher größerer Zahl und

Masse mit Durchmesser bis zu 1 km und mehr im Bereiche
seiner Bahn um die Sonne gewesen sein als heute (sowohl nach
v. Weizsäcker als nach Alfvén), die dann durch Aufsturz
die kleinen und großen Ringformen erzeugten. Dabei sei nicht
abgestritten, daß seitdem, etwa alle 10^4 bis 10^5 Jahre, sich einzelne kleine Krater, sei es durch Aufsturz oder vulkanisch, neu
bildeten. Bei der langsamen Annäherung an die Erde war Zeit
genug, daß sich allmählich die größte Hauptträgheitsachse des
Mondes auf die Erde einrichtete.

6. Zur Morphologie der Mondoberfläche

Die bisherigen Beschreibungen der Mondoberfläche gleichen
in mancher Art der Auswertung einer Luftbildaufnahme einer
Hügellandschaft aus sehr großer Höhe, etwa im Vorfelde eines
Hochgebirges. Für den Mond ergeben sich dann die Gebirge,
die Rundformen (Krater) aller Größen, markante Berge, Rillen
usw. Für die Erde Flüsse, Seen, Straßen und dergl., u. U. Teile
des Hochgebirges. Die welligen Hügel verschwinden aber völlig
aus dem Einzelbild; es müßte durch Reihenaufnahmen in Verbindung mit der Photogrammetrie, also durch genaue Messung,
erschlossen werden. Die Höhenmessungen auf dem Monde bezogen
sich bisher ganz überwiegend auf einzelne Bergspitzen, Wälle
und Teile von Kratern, und stets nur relativ zur engsten Umgebung der einzelnen Objekte. Das wenige, was darüber hinaus
vorliegt, sei darum nachstehend zur Vervollständigung der
Mondbeschreibung diskutiert.

Es wurde schon erwähnt, daß sich auf Ritters Karte eine
Reihe ausgedehnter Stellen finden, die am besten als „Horste"
oder „Senken" von mehreren km Höhe (Tiefe) und 10^4 bis 10^5
km² Ausdehnung beschrieben werden können. Wie oben dargelegt, sind demgegenüber die Krater zwar den einen oder
anderen km tief, ihre Wälle aber recht unbedeutend. Dies gilt
auch noch von größeren Objekten. So hat der in neuerer Zeit
photographisch vermessene Theophilus [40] bei 100 km Durchmesser und 5 km Tiefe nach Schmidt nur eine Wallhöhe von
1,0 km, also ganz im Rahmen der Werte für kleinere Objekte.
Dadurch läßt es sich auch erklären, daß auf der detailreichen

Höhenschichtenkarte von Hayn, die einen Streifen von 8 Grad beiderseits des mittleren Randes umfaßt, keiner der von älteren Autoren und besonders Franz [21] untersuchten Krater zu identifizieren ist. Die Wälle sind zu niedrig und zu schmal, als daß sie am momentanen Rande der Platten hervortreten könnten, das Kraterinnere wird dabei aber stets verdeckt.

Im übrigen liegen die auf den Mondkarten benannten Objekte auf der Haynschen Karte überwiegend auf Hängen oder Plateaus. Bei dieser Streuung kann es natürlich auch vorkommen, daß die Lage eines Kraters mit einer runden Delle (so z. B. bei Lavoisier, Nr. 686 nach Franz) oder Kuppe zusammenfällt (z. B. Hausen c Nr. 921). Verschiedene, aber durchaus nicht alle, der von Franz neubenannten Meere liegen bei Hayn in Senken, ohne daß aber die Grenzen in beiden Darstellungen identisch sind.

So liegt z. B. auf der Ostseite das Mare Hiemis auf einem Abhang, desgleichen das Mare Autumnis, während das Mare Veris zwei Hochplateaus mit einem langgestreckten Teil umfaßt. Das Mare Orientale liegt am Abhang einer sehr großen und tiefen Senke (diese enthält den niedrigsten Wert der ganzen Haynschen Karte mit — 4,8 km), ähnlich das Mare Parvum als ein Teil einer Senke. Auf der Westseite liegt das Mare Australe in einer ausgedehnten nur sehr flachen Senke mit fünf Horsten. Das Mare Smythii und Mare Marginis gehören zu einer großen bis zu 3,5 km tiefen Senke, die sich nach Ritters Karte noch weit nach Osten über den Marebereich erstreckt. Das Mare Humboldtianum schließlich liegt teils hoch, teils tief. Es bestätigen also diese Angaben das oben S. 16 Ausgeführte, wonach die Maregebiete nicht etwa überwiegend tief liegen.

Sechs bis acht weitere Horste, je 100 km groß, aus Hayns Karte seien nicht einzeln aufgeführt, sondern nur noch auf folgende Erscheinungen hingewiesen: Am Ostrande nahe dem Äquator liegen zwei ungefähr 250 km lange parallele Höhenrücken, 2,5 bzw. 4 km hoch, zwischen ihnen ein 60 km breites und 1 km unter dem mittleren Niveau liegendes Tal, roh vergleichbar dem Oberrheintal zwischen Schwarzwald und Vogesen, nur mit erheblich stärkeren Höhenunterschieden. Es ist dies

das d'Alembert Gebirge nach Schmidt. Hayns Darstellung
der Gegend am Südpol, des Dörfelgebirges, bestätigt aber die
Ausführungen von Neison, daß hier drei oder mehr zur Mitte
der Mondscheibe gerichtete parallele Ketten liegen, vergleichbar den Cordilleren.

Um über diese Großformen hinaus noch einen quantita-
tiven Einblick in die Unruhe der Mondoberfläche zu bekommen,
wurde zunächst auf Ritters Karte ein Profil durch den Mondäquator gelegt. Dabei gab es 47 Schnitte mit Schichtlinien.
(Die Form dieser Verzweigungen und Knoten befriedigt oft
kartographisch nicht, vielleicht genügte dafür die Zahl der
von ihm vermessenen Stellen nicht.) Es kommt also im Durchschnitt auf $180°:47 = 3°,8 = 117$ km ein Niveauunterschied von
1,4 km, oder auf $1° = 30,4$ km eine durchschnittliche Höhen-
differenz von 0,36 km. Diese Werte würden sich etwas ver-
kleinern, wenn man sie auf das oben abgeleitete Ellipsoid bezieht.
Andererseits vergrößern sie sich, wenn man die 21% des Profils
in Abzug bringt, die horizontales Gelände umfassen. Alles in
allem entspricht also die Welligkeit des Geländes der mittleren
Wallhöhe der kleineren Krater, sie fällt nur beim normalen
Beobachten nicht viel auf.

Viel aufschlußreicher ist Hayns Karte (die auch überall
einen kartographisch korrekten Verlauf der Schichtlinien hat).
Die 678 Schnittpunkte der von 0,"2 zu 0,"2 gehenden Isohypsen
mit dem mittleren Mondrande wurden dem Positionswinkel
entsprechend aufgesucht. Es ist danach also durchschnittlich
auf alle 16,3 km der Oberfläche eine Höhenänderung von 0,35 km.
Das feinere Detail der Haynschen Karte bringt also doppelt
soviel Geländeunebenheiten als die von Ritter, andererseits
steigt der Anteil des ebenen Geländes auf 39%.

Die Häufigkeitsverteilung der einzelnen Höhenstufen ist
der Platzersparnis halber in nachstehender Tabelle nur ge-
kürzt wiedergegeben. Offenbar liegt eine Gaußsche Verteilung
vor. Höhen und Senken kommen durchaus gleich oft und in
gleicher Ausdehnung vor. Aus der ausführlichen Verteilungstafel
ergibt sich für das gewichtete Mittel aller Höhen $- 0,026$ km.
Streuung der Höhen $\pm 1,25$ km. Mittlere Höhe der Horste

Tabelle 5. Verteilung der Höhenstufen

Von	bis	km	%	Von	bis	km	%
$- 2{,}4''$	$- 2{,}2''$	$- 4{,}3$	$0{,}3$	$0{,}0''$	$+ 0{,}2''$	$+ 0{,}2$	$13{,}0$
$- 2{,}1$	$- 1{,}9$	$- 3{,}7$	$0{,}2$	$+ 0{,}3$	$+ 0{,}5$	$+ 0{,}7$	$21{,}6$
$- 1{,}8$	$- 1{,}6$	$- 3{,}2$	$2{,}3$	$+ 0{,}6$	$+ 0{,}8$	$+ 1{,}3$	$6{,}7$
$- 1{,}5$	$- 1{,}3$	$- 2{,}6$	$2{,}5$	$+ 0{,}9$	$+ 1{,}1$	$+ 1{,}9$	$4{,}6$
$- 1{,}2$	$- 1{,}0$	$- 2{,}0$	$4{,}7$	$+ 1{,}2$	$+ 1{,}4$	$+ 2{,}4$	$4{,}4$
$- 0{,}9$	$- 0{,}7$	$- 1{,}5$	$8{,}2$	$+ 1{,}5$	$+ 1{,}7$	$+ 3{,}0$	$1{,}5$
$- 0{,}6$	$- 0{,}4$	$- 0{,}9$	$10{,}6$	$+ 1{,}8$	$+ 2{,}0$	$+ 3{,}5$	$0{,}3$
$- 0{,}3$	$- 0{,}1$	$- 0{,}4$	$18{,}1$				

$+ 0{,}97$ km, mittlere Tiefe der Senken $- 1{,}19$ km. Auch die horizontalen Flächen verteilen sich völlig symmetrisch, Anteil der negativen 18%, mittlere Tiefe $- 1{,}0$ km, Anteil der positiven 21%, mittlere Höhe $+ 1{,}0$ km.

Das Material gestattet weiter eine Statistik der Hangböschung. Dabei wurde als ein Hang aufgefaßt die Strecke (zunächst in Grad) von einem Tiefpunkt bis zum nächsten Gipfel bzw. Beginn oder Ende einer horizontalen Fläche. Insgesamt ergeben sich so längs des mittleren Mondrandes 126 Hänge. Der längste war $3{,}6^\circ = 196$ km mit insgesamt $6{,}4$ km Höhenunterschied, der kleinste $0{,}2^\circ = 6{,}1$ km mit $0{,}37$ km Höhenstufe. Die durchschnittliche Länge eines Hanges entspricht mit 53 km etwa dem Eratosthenes. Man sieht also, wie in der Morphologie des Mondes die Welligkeit sehr zu beachten ist, auch in den Maria, wie es die Haynsche Karte in mehreren oben angeführten Beispielen zeigt.

Die Statistik der Häufigkeitsverteilung der Böschungswinkel führt zu folgendem Bild: neben den 39% ebenen Geländes haben wir etwa ebensoviel an Hügellandschaft, d. h. Gelände mit Böschungswinkeln bis zu 15°, und schließlich 20% an eigentlichen Gebirgen, wobei aber Steilhänge (über 45°) nur rund 3% ausmachen, alles ohne die Böschungen der inneren Kraterwände.

Da die kleinste Höhenstufe bei Hayn 370 m beträgt, kann man wohl annehmen, daß die 39% ebenen Geländes noch in

Wahrheit allerlei Unebenheiten bis zu etwa diesem Betrage aufweisen werden. Im übrigen sind nach den photometrischen Untersuchungen Schönbergs [43] die Kleinformen der Oberfläche äußerst rauh, etwa wie erstarrte Lava oder verkarstete Felsen. Dazu kommen die Spuren vieler Milliarden von Meteoreinschlägen, die in Milliarden von Jahren entstanden. Es ist zu beachten, daß ein mit 50 km/sec, ungehindert durch eine Lufthülle aufschlagendes Meteor von 100 g Gewicht die gleiche kinetische Energie hat wie ein Geschoß von 500 m/sec Geschwindigkeit und einer Tonne Gewicht (schwerste Schiffsartillerie auf 20 km Schußweite). Die kinetische Energie einer Sternschnuppe von 1 mg Gewicht entspricht dann der eines Infanteriegeschosses. Diese Meteoreinschläge haben die oberste Schicht (bis zu 10 bis 20 cm) so zertrümmert, daß die Körner im Durchschnitt 0,3 mm groß sind. Die eigentliche Haut des Mondes ist also ein Sandmeer, was sich aus dem thermischen Verhalten des Mondes bei einer Finsternis ergibt [44].

7. Vorschläge für weitere Untersuchungen

Es ist heutzutage nicht mehr bloßes Spiel der Phantasie, daß es in einigen Jahrzehnten möglich sein wird, ferngesteuerte Raketen nahe an den Mond heranzuleiten, die dann photographische Aufnahmen mehr oder weniger großer Teile seiner Oberfläche zurückbringen. Dabei werden dann Partien, die dem Rande der uns sichtbaren Hälfte oder gar der Rückseite angehören, besonders von Interesse sein. Um sie selenographisch auszuwerten bedarf man zahlreicher Paßpunkte. Die 2900 Örter von Saunder [23] und ihre Ergänzung durch Roth [24] genügen dazu nicht, da gerade die randnahen Gegenden in ihnen vernachlässigt sind. Das Verzeichnis von Franz [21] kann nur teilweise diese Lücke ausfüllen. Es beruhen aber alle diese Koordinatenverzeichnisse auf den unvollkommen reduzierten Beobachtungen von Franz [6] seiner 8 Fixpunkte zweiter Ordnung. Als erstes mag ihre Neureduktion genügen, mit den Formeln von Hayn [9], die noch mittels der Krakowianen und selenographischen Tabellen von Banachiewicz [45] zu vereinfachen sind. Im Anschluß daran wären die fünf Lickplatten an Hand der Messungen von Franz neu zu bearbeiten.

Vielleicht ist es aber grundsätzlich besser, ganz von Neuem zu beginnen, d. h. Mondaufnahmen bei verschiedener möglichst starker optischer Libration so zu machen, daß gleichzeitig benachbarte Sternfelder Orientierung und Maßstab der Platten liefern. Einzelheiten zu diesem Vorschlage führen hier zu weit. Wenn so ein System der je drei Polarkoordinaten möglichst vieler Punkte zweiter Ordnung, die aber auch alle in den Verzeichnissen von Franz und Saunder vorkommen müssen, erstellt ist, lassen sich letztere auf das neue System umrechnen.

Eine weitere Aufgabe ist die verbesserte Wiederholung der Bestimmung absoluter Höhen, im Prinzip so wie es Ritter getan hat. Näheres siehe S. 11.

Sieht man einmal von den seit Galilei bekannten Gebirgen und Rundformen ab, so scheint doch im ganzen die Mondoberfläche viel unruhiger zu sein, als man bisher meist glaubte, was im Interesse der Selenologie festzustellen sehr erwünscht wäre (s. S. 30). Durch Zeitrafferaufnahmen wie es auf dem Michigan-Observatory [40] geschehen ist, oder durch visuelle Messungen des Terminators und der Schatten von Geländeformen in seiner Nähe während einer ganzen Nacht, müßte man für interessante Gegenden, zunächst einige Meere, maßstabsgerechte Höhenschichtenkarten herstellen, nicht nur Schichtlinien ohne Zahlenangaben, wie es besonders die Karten und Zeichnungen von Fauth [42] und Anderen liefern. Damit ließe sich mit den heutigen verbesserten Unterlagen vielerorts eine Überprüfung der klassischen Höhenangaben von Mädler und Schmidt verbinden.

So gibt es eine Fülle selenodätischer Aufgaben, die zusammen mit den Ergebnissen der Selenophysik der Selenologie bessere Grundlagen als bisher liefern könnten.

Selenozentrische Koordinaten

Saunder	Franz	Name	λ_F	λ_H	β_F
—	80	Lohrmann A	$- 62°37'.11$	$- 62°28'.84$	$- 0°45'.19$
3	49	Galilei	$- 62\ 39.99$	$- 62\ 41.23$	$+ 10\ 27.89$
6	34	Damoiseau e	$- 58\ 16.96$	$- 58\ 20.72$	$- 5\ 14.20$
7	131	Sirsalis f	$- 60\ 8.38$	$- 60\ 6\ 35$	$- 13\ 37.36$
—	26	Byrgius A	$- 63\ 48.23$	$- 63\ 59.82$	$- 24\ 33.47$
10	120	Reiner	$- 54\ 54.14$	$- 55\ 2.64$	$+ 6\ 53.62$
13	121	Reiner A	$- 51\ 22.90$	$- 51\ 28.36$	$+ 5\ 7.24$
—	19	Billy	$- 50\ 3.00$	$- 50\ 2.60$	$- 13\ 49.37$
23	90	Marius A	$- 45\ 57.65$	$- 46\ 2.14$	$+ 12\ 34.57$
25	45	Flamsteed	$- 44\ 14.98$	$- 44\ 21.53$	$- 4\ 29.23$
—	93	Mersenius s	$- 46\ 58.10$	$- 47\ 2.74$	$- 19\ 11.99$
—	13	Aristarchus	$- 47\ 32.43$	$- 47\ 39.29$	$+ 23\ 42.23$
29	94	Mersenius C	$- 45\ 55.10$	$- 46\ 5.10$	$- 19\ 45.67$
31	54	Gassendi G	$- 44\ 34.53$	$- 44\ 45.09$	$- 16\ 44.46$
—	52	Gassendi A	$- 43\ 35.23$	$- 43\ 47.68$	$- 18\ 25.91$
34	55	Gassendi z	$- 42\ 52.19$	$- 43\ 3.09$	$- 16\ 27.43$
—	46	Fourier A	$- 48\ 28.10$	$- 48\ 31.86$	$- 32\ 16.54$
45	72	Kepler	$- 37\ 57.72$	$- 38\ 7.22$	$+ 8\ 6.40$
54	16	Bessarion	$- 37\ 16.71$	$- 37\ 25.52$	$+ 14\ 48.47$
62	39	Drebbel	$- 49\ 1.40$	$- 48\ 57.02$	$- 40\ 55.96$
66	43	Brayley	$- 36\ 49.56$	$- 36\ 49.22$	$+ 20\ 52.03$
67	88	Gassendi J	$- 36\ 58.67$	$- 37\ 10.49$	$- 21\ 36.07$
74	53	Herigonius	$- 33\ 54.05$	$- 34\ 4.42$	$- 13\ 20.88$
85	148	Vitello	$- 37\ 18.29$	$- 37\ 28.58$	$- 30\ 19.98$
88	77	Landsberg A	$- 31\ 6.79$	$- 31\ 18.42$	$+ 0\ 10.28$
101	38	Diophantus	$- 34\ 13.62$	$- 34\ 15.45$	$+ 27\ 35.29$
104	98	Milichius	$- 30\ 11.49$	$- 30\ 18.49$	$+ 9\ 59.78$
113	42	Euklides	$- 29\ 28.66$	$- 29\ 35.45$	$- 7\ 23.73$
121	128	Sharp b	$- 45\ 12.26$	$- 45\ 10.61$	$+ 46\ 54.09$
124	86	Mairan e	$- 37\ 8.83$	$- 37\ 10.61$	$+ 37\ 43.70$
141	92	Mayer A	$- 28\ 19.72$	$- 28\ 24.95$	$+ 15\ 15.10$
143	127	Sharp A	$- 42\ 33.24$	$- 42\ 27.55$	$+ 47\ 31.78$
158	65	Agatharchides A	$- 28\ 22.40$	$- 28\ 32.31$	$- 23\ 15.59$
—	27	Campanus	$- 27\ 43.78$	$- 27\ 50.13$	$- 27\ 58.16$
205	60	Harpalus A	$- 39\ 41.91$	$- 39\ 39.96$	$+ 50\ 21.08$
—	119	Pythagoras A	$- 62\ 50.96$	$- 63\ 42.82$	$+ 63\ 27.36$
217	81	Lubiniezky B	$- 23\ 30.00$	$- 23\ 37.10$	$- 14\ 35.58$
266	24	Bouguer	$- 35\ 40.67$	$- 35\ 36.41$	$+ 52\ 12.99$
311	29	Carlini	$- 24\ 2.76$	$- 24\ 5.05$	$+ 33\ 41.28$
351	50	Gambert A	$- 18\ 43.86$	$- 18\ 49.08$	$+ 0\ 57.51$

von 150 Punkten

β_H	h	D km	i km	a km	Bemerkungen
$-\ 0°44!31$	$-\ 14$	13.2	2.4	0.3	
$+\ 10\ 27.48$	0	14.2	5.2	0.2	
$-\ 5\ 14.86$	$+\ 5$	13.2	—	0.7	
$-\ 13\ 37.83$	$-\ 4$	11.6	3.2	0.4	
$-\ 24\ 36.96$	$+\ 17$	10.1	1.5	0.9	
$+\ 6\ 53.70$	$+\ 15$	31.4	2.5	0.3	
$+\ 5\ 7.84$	$+\ 13$	9.6	2.0	0.2	
$-\ 13\ 49.54$	$-\ 5$	42.0	0.9	0.2	
$+\ 12\ 34.76$	$+\ 11$	14.7	2.6	0.2	
$-\ 4\ 30.38$	$+\ 17$	19.7	1.5	0.4	
$-\ 19\ 13.79$	$+\ 10$	14.2	2.0	0.8	
$+\ 23\ 44.08$	$+\ 17$	36.5	3.8	1.0	
$-\ 19\ 49.36$	$+\ 24$	13.2	2.5	0.5	
$-\ 16\ 48.44$	$+\ 30$	6.1	0.6	0.1	
$-\ 18\ 30.80$	$+\ 36$	9.6	1.5	2.0	
$-\ 16\ 31.33$	$+\ 31$	5.1	—	0.2	Berg
$-\ 32\ 18.44$	$+\ 6$	19.3	3.8	—	
$+\ 8\ 7.20$	$+\ 32$	32.6	2.7	0.2	
$+\ 14\ 49.59$	$+\ 20$	11.2	2.0	0.4	
$-\ 40\ 53.00$	$-\ 13$	31.9	3.5	0.5	
$+\ 20\ 55.82$	$+\ 35$	14.7	2.5	0.6	
$-\ 21\ 40.63$	$+\ 42$	10.1	1.8	0.2	
$-\ 13\ 25.15$	$+\ 41$	15.7	1.8	0.8	
$-\ 30\ 28.03$	$+\ 35$	71.0	—	—	Zentralberg
$+\ 0\ 9.51$	$+\ 53$	7.6	1.5	0.4	
$+\ 27\ 35.76$	$+\ 7$	17.2	2.6	1.0	
$+\ 10\ 1.86$	$+\ 32$	11.7	2.4	0.8	
$-\ 7\ 25.78$	$+\ 29$	11.6	2.0	0.7	
$+\ 46\ 50.39$	$-\ 9$	19.7	3.1	1.4	
$+\ 37\ 43.71$	$+\ 3$	6.6	—	0.9	
$+\ 45\ 16.44$	$+\ 23$	13.2	2.5	2.3	
$+\ 47\ 24.29$	$-\ 18$	15.7	2.5	1.0	
$-\ 23\ 24.80$	$+\ 48$	17.3	2.3	1.0	
$-\ 28\ 4.50$	$+\ 30$	4.6	—	—	Zentralberg
$+\ 50\ 19.06$	$-\ 5$	23.3	3.0	0.6	
$+\ 63\ 23.45$	$-\ 38$	Zentralberg			
$-\ 14\ 39.88$	$+\ 40$	14.7	1.4	0.3	
$+\ 52\ 3.78$	$-\ 19$	23.8	3.0	0.7	
$+\ 33\ 43.06$	$+\ 9$	10.7	1.2	0.3	
$+\ 0\ 56.76$	$+\ 37$	10.7	0.8	0.4	

Saunder	Franz	Name	λ_F	λ_H	β_F
—	76	Lambert	$-18°26'.71$	$-18°31'.01$	$+26°27'.53$
421	33	Condamine a	$-$ 30 4.67	$-$ 30 7.03	$+$ 54 20.62
492	105	Parry A	$-$ 15 56.69	$-$ 16 0.11	$-$ 9 30.63
519	91	Maupertuis A	$-$ 24 38.92	$-$ 24 37.73	$+$ 50 34.02
562	56	Guericke B	$-$ 15 14.27	$-$ 15 17.79	$-$ 14 33.76
568	64	Hesiodus A	$-$ 17 0.76	$-$ 17 1.67	$-$ 30 5.94
636	61	Heinsius a	$-$ 17 29.68	$-$ 17 31.67	$-$ 39 40.64
649	51	Lalande E	$-$ 13 12.56	$-$ 13 15.47	$-$ 1 23.57
741	141	Nicollet	$-$ 12 25.99	$-$ 12 28.21	$-$ 21 54.96
753	57	Guericke C	$-$ 11 32.00	$-$ 11 35.03	$-$ 11 33.27
826	74	Lalande A	$-$ 9 46.64	$-$ 9 49.78	$-$ 6 38.11
888	73	Lalande	$-$ 8 35.28	$-$ 8 38.31	$-$ 4 27.88
913	101	Mösting c	$-$ 8 3.90	$-$ 8 5.99	$-$ 1 48.19
921	140	Birt	$-$ 8 32.24	$-$ 8 34.08	$-$ 22 20.65
941	35	Davy A	$-$ 7 42.85	$-$ 7 45.02	$-$ 12 12.60
977	75	Lalande c	$-$ 6 52.57	$-$ 6 54.93	$-$ 5 35.70
1020	85	Maginus H	$-$ 10 3.60	$-$ 10 7.28	$-$ 52 30.08
—	106	Pico B	$-$ 8 11.52	$-$ 8 12.99	$+$ 43 11.45
1033	99	Mösting	$-$ 5 50.10	$-$ 5 52.20	$-$ 0 41.31
1045	11	Archimedes A	$-$ 6 23.92	$-$ 6 25.98	$+$ 28 1.33
1068	100	Mösting A	$-$ 5 10.32	$-$ 5 12.20	$-$ 3 11.40
1104	139	Thebit A	$-$ 4 53.94	$-$ 4 55.62	$-$ 21 34.41
1179	63	Herschel c	$-$ 3 9.96	$-$ 3 11.63	$-$ 5 0.49
1189	22	Bode B	$-$ 3 4.28	$-$ 3 5.71	$+$ 8 44.73
—	8	Alphonsus A	$-$ 2 41.87	$-$ 2 43.78	$-$ 13 20.84
1214	102	Mösting ō	$-$ 2 28.49	$-$ 2 29.51	$-$ 1 57.74
1220	20	Bode	$-$ 2 25.91	$-$ 2 26.97	$+$ 6 43.04
1292	21	Bode A	$-$ 1 8.85	$-$ 1 9.90	$+$ 8 59.34
1306	118	Ptolemäus A	$-$ 0 48.10	$-$ 0 48.76	$-$ 8 30.49
1377	132	Triesnecker B	$+$ 0 23.68	$+$ 0 23.18	$+$ 1 10.20
1421	146	Murchison A	$+$ 1 8.38	$+$ 1 7.98	$+$ 3 59.35
—	147	Ukert	$+$ 1 23.32	$+$ 1 22.88	$+$ 7 43.47
1520	150	**Werner (nördl. Randfleck)**	$+$ 3 15.47	$+$ 3 14.93	$-$ 27 4.77
1539	12	W. C. Bond B	$+$ 7 28.23	$+$ 7 26.84	$+$ 64 57.80
1560	145	Triesnecker	$+$ 3 37.43	$+$ 3 37.74	$+$ 4 10.65
1590	10	Aratus	$+$ 4 31.89	$+$ 4 32.18	$+$ 23 36.38
1599	5	Parrot D	$+$ 4 29.42	$+$ 4 30.08	$-$ 17 37.55
1649	122	Rhaeticus A	$+$ 5 11.94	$+$ 5 12.43	$+$ 1 44.21
1685	30	Cassini C	$+$ 7 47.28	$+$ 7 46.77	$+$ 41 41.59
—	69	Hyginus	$+$ 6 17.89	$+$ 6 17.32	$+$ 7 46.08
1740	123	Rhaeticus b	$+$ 6 50.09	$+$ 6 51.16	$+$ 1 37.16

β_H	h	D km	i km	a km	Bemerkungen
$+ 26°32'.42$	$+ 34$	7.1	Berg	1.0	
$+ 54\ 25.39$	$+ 11$	16.2	2.0	0.4	
$-\ 9\ 33.26$	$+ 27$	11.6	—	0.6	
$+ 50\ 29.04$	$- 11$	14.2	1.3	0.8	
$- 14\ 37.30$	$+ 29$	16.7	—	0.5	
$- 30\ \ 7.97$	$+\ 5$	12.2	1.0	0.5	
$- 39\ 43.82$	$+\ 8$	17.7	1.8	0.2	
$-\ 1\ 26.69$	$+ 24$	11.2	1.5	—	
$- 21\ 58.39$	$+ 18$	14.7	—	0.5	
$- 11\ 35.25$	$+ 29$	10.1	—	—	
$-\ 6\ 40.48$	$+ 40$	11.2	1.5	0.7	
$-\ 4\ 30.39$	$+ 57$	25.3	2.2	1.0	
$-\ 1\ 49.49$	$+ 30$	7.6	—	0.2	
$- 22\ 24.48$	$+ 19$	15.7	—	(2.2)	
$- 12\ 15.22$	$+ 25$	11.6	1.0	0.6	
$-\ 5\ 37.95$	$+ 40$	10.7	2.0	0.2	
$- 52\ 48.02$	$+ 38$	12.2	1.3	0.9	
$+ 43\ 17.13$	$+ 21$	22.3	—	2.0	Berg
$-\ 0\ 41.57$	$+ 47$	26.2	2.1	0.5	
$+ 28\ \ 7.83$	$+ 41$	11.6	2.0	0.6	
$-\ 3\ 13.03$	$+ 32$	11.1	1.8	0.5	
$- 21\ 42.11$	$+ 27$	17.7	1.7	1.1	
$-\ 5\ \ 2.85$	$+ 46$	10.1	2.2	0.7	
$+\ 8\ 45.83$	$+ 40$	8.6	—	0.6	
$- 13\ 25.82$	$+ 52$	7.6	—	—	
$-\ 1\ 59.23$	$+ 47$	7.1	—	—	Berg
$+\ 6\ 43.36$	$+ 28$	17.7	2.2	0.5	
$+\ 8\ 59.07$	$+ 14$	12.7	—	0.9	
$-\ 8\ 32.45$	$+ 19$	7.6	—	0.4	
$-\ 1\ \ 9.48$	$+ 37$	8.6	—	—	
$+\ 3\ 59.12$	$+ 31$	13.2	2.2	0.0	
$+\ 7\ 43.80$	$+ 50$	21.8	3.0	1.6	
$- 27\ 11.72$	$+ 34$	8.6	—	—	
$+ 64\ 47.73$	$- 12$	13.7	1.0	0.5	
$+\ 4\ 10.71$	$+ 42$	26.3	2.0	0.6	
$+ 23\ 41.25$	$+ 39$	10.6	1.5	0.5	
$- 17\ 45.12$	$+ 58$	11.6	1.2	0.0	
$+\ 1\ 43.62$	$+ 36$	9.1	0.8	0.0	
$+\ 1\ 43.95$	$+ 11$	11.6	1.8	0.3	
$+\ 7\ 46.04$	$+ 20$	8.1	0.8	0.0	
$+\ 1\ 36.58$	$+ 42$	7.6	0.4	0.0	

Saunder	Franz	Name	λ_F	λ_H	$\wp_F$
1753	67	Hipparchus E	$+ \; 7^\circ \; 0.62$	$+ \; 7^\circ \; 1.58$	$- \; 2^\circ 52.40$
1769	4	Airy A	$+ \; 7 \; 40.71$	$+ \; 7 \; 39.42$	$- \; 17 \; 2.11$
1772	68	Hipparchus G	$+ \; 7 \; 25.94$	$+ \; 7 \; 27.42$	$- \; 5 \; 0.92$
1823	66	Hipparchus C	$+ \; 8 \; 14.60$	$+ \; 8 \; 16.99$	$- \; 7 \; 24.04$
1899	14	Abenezra b	$+ \; 10 \; 5.38$	$+ \; 10 \; 6.53$	$- \; 20 \; 49.45$
—	111	Abenezra a	$+ \; 10 \; 28.44$	$+ \; 10 \; 31.73$	$- \; 22 \; 48.31$
1920	3	Abulfeda e	$+ \; 10 \; 9.79$	$+ \; 10 \; 11.25$	$- \; 16 \; 44.49$
1955	1	Abulfeda A	$+ \; 10 \; 47.29$	$+ \; 10 \; 48.93$	$- \; 16 \; 25.08$
1961	79	Linné	$+ \; 11 \; 47.08$	$+ \; 11 \; 47.50$	$+ \; 27 \; 42.36$
—	23	Boscovich A	$+ \; 10 \; 43.02$	$+ \; 10 \; 43.79$	$+ \; 9 \; 10.52$
2077	129	Silberschlag	$+ \; 12 \; 33.29$	$+ \; 12 \; 33.84$	$+ \; 6 \; 12.59$
2084	2	Abulfeda b	$+ \; 13 \; 6.88$	$+ \; 13 \; 10.00$	$- \; 16 \; 11.41$
2126	130	Silberschlag a	$+ \; 13 \; 13.39$	$+ \; 13 \; 12.62$	$+ \; 6 \; 56.26$
2167	41	Eudoxus A	$+ \; 20 \; 4.95$	$+ \; 20 \; 7.57$	$+ \; 45 \; 47.09$
2204	125	Sacrobosco c	$+ \; 15 \; 21.28$	$+ \; 15 \; 54.04$	$- \; 22 \; 58.75$
2215	25	Büsching e	$+ \; 18 \; 25.66$	$+ \; 18 \; 27.16$	$- \; 36 \; 41.51$
2242	37	Cayley	$+ \; 15 \; 6.15$	$+ \; 15 \; 8.95$	$+ \; 3 \; 56.61$
2258	143	Theon senior	$+ \; 15 \; 26.04$	$+ \; 15 \; 29.58$	$- \; 0 \; 47.79$
2275	142	Theon junior	$+ \; 15 \; 50.43$	$+ \; 15 \; 52.98$	$- \; 2 \; 23.52$
2309	17	Bessel	$+ \; 17 \; 53.77$	$+ \; 17 \; 56.69$	$+ \; 21 \; 42.57$
2341	103	Nicolai A	$+ \; 23 \; 38.92$	$+ \; 23 \; 39.95$	$- \; 42 \; 26.97$
2345	36	Dionysius	$+ \; 17 \; 19.79$	$+ \; 17 \; 23.15$	$+ \; 2 \; 46.46$
2347	133	Sosigenes	$+ \; 17 \; 36.14$	$+ \; 17 \; 38.34$	$+ \; 8 \; 42.66$
2370	7	Alfraganus c	$+ \; 18 \; 7.52$	$+ \; 18 \; 11.61$	$- \; 6 \; 6.75$
2373	115	Pons b	$+ \; 20 \; 47.79$	$+ \; 20 \; 53.17$	$- \; 28 \; 45.93$
2385	134	Sosigenes a	$+ \; 18 \; 28.32$	$+ \; 18 \; 30.94$	$+ \; 7 \; 45.75$
2387	135	Taquet	$+ \; 19 \; 11.33$	$+ \; 19 \; 12.34$	$+ \; 16 \; 37.19$
2421	6	Alfraganus	$+ \; 19 \; 1.18$	$+ \; 19 \; 5.60$	$- \; 5 \; 25.08$
2427	18	Bessel A	$+ \; 20 \; 59.43$	$+ \; 20 \; 58.59$	$+ \; 24 \; 44.07$
2462	136	Taquet A	$+ \; 20 \; 14.78$	$+ \; 20 \; 16.81$	$+ \; 14 \; 19.58$
2471	124	Maclear	$+ \; 20 \; 6.10$	$+ \; 20 \; 5.86$	$+ \; 10 \; 30.98$
2482	9	Manners	$+ \; 20 \; 0.30$	$+ \; 20 \; 3.77$	$+ \; 4 \; 34.57$
—	138	Thales	$+ \; 50 \; 17.00$	$+ \; 50 \; 9.48$	$+ \; 61 \; 45.20$
2602	113	Plinius, Zentralberg	$+ \; 23 \; 34.67$	$+ \; 23 \; 37.10$	$+ \; 15 \; 18.96$
2607	114	Polybius B	$+ \; 25 \; 34.21$	$+ \; 25 \; 39.78$	$- \; 25 \; 33.06$
2642	70	Hypatia B	$+ \; 24 \; 10.60$	$+ \; 24 \; 10.17$	$- \; 0 \; 34.41$
2659	116	Posidonius A	$+ \; 29 \; 28.75$	$+ \; 29 \; 29.30$	$+ \; 31 \; 39.34$
2665	15	Beaumont D	$+ \; 26 \; 12.62$	$+ \; 26 \; 21.85$	$- \; 17 \; 3.68$
2669	112	Dawes	$+ \; 26 \; 19.83$	$+ \; 26 \; 23.50$	$+ \; 17 \; 12.52$
2689	47	Polybius A	$+ \; 28 \; 2.12$	$+ \; 28 \; 1.44$	$- \; 23 \; 1.92$
2693	62	Hercules D	$+ \; 39 \; 7.72$	$+ \; 39 \; 5.84$	$+ \; 46 \; 22.28$

β_H	h	D km	i km	a km	Bemerkungen
— 2°54.'10	+ 42	14.7	3.9	0.4	
— 17 2.42	— 8	11.6	2.5	1.5	
— 5 3.38	+ 48	12.7	2.3	0.3	
— 7 27.54	+ 59	15.2	3.4	0.0	
— 20 55.42	+ 39	12.2	1.9	0.0	
— 22 58.43	+ 64	22.8	2.7	0.0	
— 16 49.62	+ 38	6.6	1.3	0.0	
— 16 29.79	+ 37	11.6	2.0	0.0	
+ 27 44.83	+ 18	10.2	—	—	
+ 9 11.10	+ 29	5.6	—	—	
+ 6 12.36	+ 22	13.2	3.1	0.0	
— 16 17.07	+ 47	18.3	2.0	1.2	
+ 6 55.30	0	5.1	1.2	0.0	
+ 46 03.21	+ 33	13.7	2.0	0.9	
— 23 03.48	+ 33	11.1	1.9	0.1	
— 36 47.59	+ 20	13.7	2.0	0.5	
+ 3 56.61	+ 40	13.2	2.6	0.2	
— 0 49.14	+ 44	15.7	3.0	0.2	
— 2 24.96	+ 35	16.2	2.6	0.0	
+ 21 46.51	+ 35	14.2	1.8	0.2	
— 42 31.09	+ 10	15.2	1.8	0.6	
+ 2 46.08	+ 39	17.7	3.0	0.1	
+ 8 42.82	+ 21	16.7	1.3	0.8	
— 6 9.29	+ 43	8.1	1.2	0.3	
— 28 55.15	+ 44	13.2	0.8	0.0	
+ 7 46.21	+ 30	10.6	2.0	0.0	
+ 16 37.60	+ 14	7.1	1.3	0.1	
— 5 25.96	+ 44	19.7	3.0	0.2	
+ 24 43.15	0	7.1	1.2	0.3	
+ 14 20.67	+ 23	12.7	1.7	0.4	
+ 10 30.56	+ 8	21.8	0.7	0.5	Flache Wallebene
+ 4 34.62	+ 34	14.2	2.0	0.5	
+ 61 34.49	— 16	30.4	2.5	0.0	
+ 15 20.03	+ 21	40.0	2.3	0.4	Zentralberg 0.9
+ 25 40.23	+ 42	11.7	1.5	0.0	
— 0 35.39	+ 2	7.1	0.6	0.4	
+ 31 40.31	+ 9	9.1	1.4	0.2	
— 17 20.23	+ 59	11.2	0.2	—	
+ 17 14.40	+ 27	17.3	2.5	0.8	
— 23 2.35	+ 1	16.7	—	2.0	Berg
+ 46 21.14	— 1	12.7	2.0	0.2	

Saunder	Franz	Name	λ_F	λ_H	β_F
2702	71	Jansen B	$+ 26°41'.21$	$+ 26°46'.89$	$+ 10°40'.26$
2705	110	Piccolomini IV	$+ 29\ 45.09$	$+ 29\ 50.31$	$- 25\ 41.66$
—	40	Endymion G	$+ 55\ 36.44$	$+ 55\ 43.49$	$+ 56\ 22.70$
2727	44	Janssen K	$+ 42\ 14.63$	$+ 42\ 9.03$	$- 46\ 4.17$
2731	109	Piccolomini III	$+ 31\ 56.20$	$+ 31\ 59.15$	$- 27\ 52.74$
2736	108	Piccolomini IId	$+ 32\ 20.52$	$+ 32\ 31.01$	$- 26\ 55.68$
2757	107	Piccolomini I	$+ 33\ 47.12$	$+ 33\ 53.61$	$- 26\ 7.06$
2765	48	Maury	$+ 39\ 43.79$	$+ 39\ 52.78$	$+ 37\ 7.30$
2782	149	Vitruvius A	$+ 33\ 48.47$	$+ 33\ 52.83$	$+ 17\ 44.89$
2795	31	Censorinus	$+ 32\ 39.95$	$+ 32\ 45.46$	$- 0\ 23.91$
2804	89	Rosse	$+ 34\ 57.37$	$+ 35\ 6.40$	$- 17\ 52.05$
2805	32	Cepheus A	$+ 46\ 30.37$	$+ 46\ 34.09$	$+ 41\ 1.42$
2813	28	Capella D	$+ 34\ 5.61$	$+ 34\ 10.64$	$- 4\ 15.32$
2837	82	Macrobius a	$+ 40\ 21.94$	$+ 40\ 26.18$	$+ 19\ 32.69$
2839	83	Macrobius B	$+ 40\ 50.89$	$+ 40\ 57.92$	$+ 20\ 55.62$
2851	58	Guttemberg A	$+ 39\ 57.68$	$+ 40\ 10.21$	$- 9\ 0.44$
2857	144	Tralles A	$+ 47\ 4.09$	$+ 47\ 19.02$	$+ 27\ 26.65$
2858	104	Proclus A	$+ 42\ 14.80$	$+ 42\ 16.71$	$+ 13\ 20.50$
2863	117	Proclus	$+ 46\ 57.27$	$+ 47\ 11.30$	$+ 16\ 4.78$
—	84	Bellot	$+ 48\ 13.19$	$+ 48\ 18.62$	$- 12\ 25.98$
2866	96	Messier A	$+ 46\ 55.78$	$+ 47\ 5.01$	$- 1\ 59.85$
2867	95	Messier	$+ 47\ 37.27$	$+ 47\ 45.82$	$- 1\ 52.70$
2869	137	Taruntius A	$+ 49\ 52.46$	$+ 49\ 50.39$	$+ 7\ 16.03$
2870	87	Taruntius G	$+ 49\ 27.00$	$+ 49\ 22.82$	$+ 1\ 51.98$
—	97	Messier anon.	$+ 52\ 52.13$	$+ 53\ 2.55$	$- 5\ 22.51$
2879	126	Hahn A	$+ 69\ 57.04$	$+ 69\ 59.02$	$+ 29\ 41.44$
2884	78	Langrenus h'	$+ 66\ 28.26$	$+ 66\ 27.93$	$- 9\ 46.41$
—	59	Hansen A	$+ 74\ 43.81$	$+ 75\ 26.60$	$+ 13\ 22.82$

β_H	h	D km	i km	a km	Bemerkungen
$+\ 10°41'.86$	$+\ 38$	18.2	2.1	0.3	
$-\ 25\ 38.10$	$+\ 30$	5.1	—	—	
$+\ 56\ 31.96$	$+\ 19$	11.6	2.2	0.3	
$-\ 45\ 58.93$	$-\ 16$	17.7	1.1	1.0	Unsicher
$-\ 27\ 57.29$	$+\ 17$	19.2	—	—	
$-\ 27\ \ \ 6.19$	$+\ 51$	15.2	—	—	
$-\ 26\ 13.11$	$+\ 30$	10.6	—	—	
$+\ 37\ 15.97$	$+\ 37$	16.7	3.0	0.5	
$+\ 17\ 46.08$	$+\ 20$	17.2	3.6	1.0	
$-\ \ 0\ 24.73$	$+\ 28$	18.7	—	—	
$-\ 17\ 57.40$	$+\ 41$	13.7	—	0.3	
$+\ 41\ \ \ 5.58$	$+\ 16$	10.6	2.2	0.1	
$-\ \ 4\ 16.78$	$+\ 24$	14.2	2.2	0.1	
$+\ 19\ 33.71$	$+\ 19$	17.7	4.0	0.6	
$+\ 20\ 58.55$	$+\ 28$	14.2	3.0	0.2	Am Rande eines Hochplateaus
$-\ \ 9\ \ \ 3.73$	$+\ 45$	13.7	1.3	—	
$+\ 27\ 33.66$	$+\ 43$	16.7	3.2	0.1	
$+\ 13\ 20.92$	$+\ 11$	14.2	2.5	0.3	
$+\ 16\ \ \ 8.20$	$+\ 41$	28.4	4.8	2.0	Hügeliges Gelände
$-\ 12\ 27.76$	$+\ 16$	15.7	2.9	0.0	
$-\ \ 2\ \ \ 1.89$	$+\ 28$	10.6	1.8	0.1	
$-\ \ 1\ 53.63$	$+\ 24$	10.2	1.8	0.1	
$+\ \ 7\ 15.23$	$-\ \ 3$	12.2	3.0	0.1	
$+\ \ 1\ 51.34$	$-\ \ 7$	12.7	2.7	0.2	
$-\ \ 5\ 23.92$	$+\ 25$	12.2	3.0	0.2	
$+\ 29\ 41.82$	$+\ \ 1$	13.7	3.0	0.0	
$-\ \ 9\ 47.45$	$+\ \ 0$	18.3	3.0	0.0	
$+\ 13\ 29.07$	$+\ 35$	12.7	—	—	

Literatur

[1] E. Hartwig: Ist die Erde ein dreiachsiges Ellipsoid? Forschungen und Fortschritte 1949, S. 206.

[2] J. Hopmann: Über die gravimetrische und astronomische Bestimmung von Lotabweichungen und ihre Auswirkung auf trigonometrische Netze. Veröffentlichung des Instituts der Erdmessung Nr. 12, Bamberg 1950.

[3] K. Graff: Formeln und Hilfstafeln zur Reduktion von Mondbeobachtungen und Mondphotographien. Veröffentlichung des Astronomischen Rechnungsinstituts, Nr. 14, Berlin 1901.

[4] F. Hayn: Selenographische Koordinaten I, Sächsische Akad. d. Wiss., Leipzig 1902.

[5] K. Koziel: The Moon's Libration and Figure as derived from Hartwig's Dorpat heliometric observations. Acta Astronomica, Sér. a, Vol. 4, Cracovie 1948.

[6] J. Franz: Die Figur des Mondes. Astronomische Beobachtungen, Königsberg, Bd. 38, 1899.

[7] F. Hayn: Die Rotation des Mondes. Encyklopädie d. math. Wiss., VI. 2, 20a, Leipzig 1923.

[8] F. Hayn: Selenographische Koordinaten II, Sächsische Akad. d. Wiss., Leipzig 1904.

[9] F. Hayn: Selenographische Koordinaten III, Sächsische Akad. d. Wiss., Leipzig 1907.

[10] F. Hayn: Die Achsendrehung des Mondes. Astr. Nachr. 211 (1920), S. 311.

[11] F. Hayn: Selenographische Koordinaten IV, Sächsische Akad. d. Wiss., Leipzig 1914.

[12] H. Naumann: Selenographische Koordinaten V, Sächsische Akad. d. Wiss., Leipzig 1939.

[13] Transactions of the International Astronomical Union, Bd. 7, 1950.

[14] H. Jeffreys: The figures of the Earth and Moon. (Third paper.) Monthly Notices of the Royal Astronomical Society. Geophysical supplement, Vol. 5, Nr. 7, July 1948.

[15] H. Illigner: Bestimmung des Mondhalbmessers und Mondortes aus 17 Plejadenbedeckungen unter Berücksichtigung des Haynschen Randprofils. Astr. Nachr., 353, S. 193, 1934.

[16] H. Battermann: Beitrag zur Bestimmung der Mondbahn und des Mondhalbmessers. Beobachtungsergebnisse d. Sternwarte Berlin, Heft 13, 1910.

[17] J. Peters: Berechnung der Koordinaten und des Halbmessers des Mondes aus acht in den Jahren 1840—1876 beobachteten Bedeckungen der Plejaden. Astr. Nachr., 138, S. 113, 1885.

[18] J. Franz: Die Konstanten der physischen Libration des Mondes. Astronomische Beobachtungen, Königsberg, Bd. 38, 1889.

[19] J. Franz: Ortsbestimmung von 150 Mondkratern. Mitteilungen Sternwarte Breslau, I, 1901.

[20] J. Franz: Der Westrand des Mondes. Mitteilungen der Sternwarte. Breslau, II, 1903.

[21] J. Franz: Die Randlandschaften des Mondes. Nova Acta Leopoldina. Bd. 99, Halle 1913.

[22] J. Franz: Die Verteilung der Meere auf der Mondoberfläche, Sitzungsber. Preuß. Akad. d. Wiss., Berlin Mai 1906.

[23] S. A. Saunder: The determination of selenographic positions and the measurement of lunar photographs. Memoirs Royal Astr. Soc. Vol. LX. Part. I, London 1911.

[24] H. Roth: Ortsbestimmung von 433 Punkten hoher Albedo auf einer Vollmondaufnahme. Mitteilungen der Wiener Sternwarte, Bd. 4, Nr. 7, Wien 1949.

[25] K. Mainka: Die Verlängerung des Mondes nach der Erde zu. Mitteilungen der Sternwarte Breslau, I, 1901.

[26] H. Ritter: Versuch einer Bestimmung von Schichtlinien auf dem Monde. Astr. Nachr., 252, S. 157, 1934.

[27] S. A. Saunder: First Attempt to determine the Figure of the Moon. Monthly Notices, Bd. 65, S. 458, 1905.

[28] Jakowkin u. J. Belkowitsch: Zur Frage nach der Bestimmung der Mondfigur vermittels Terminatorbeobachtungen. Astr. Nachr., 256, S. 305, 1935.

[29] W. H. Pickering: A photographic Atlas of the Moon. Annals of the Harvard College Observatory, Bd. 51, S. 50, 1903.

[30] R. B. Baldwin: The face of the moon. The University of Chicago Press, 1949.

[31] S. Böhme: Bearbeitung der Aufnahmen von F. Hayn zur Ortsbestimmung des Mondes. Astr. Nachr., Bd. 256, S. 367, 1935.

[32] H. Jeffreys: The Earth. Cambridge University Press, 2. Aufl., 1929.

[33] G. H. Darwin: Ebbe und Flut. 2. Aufl., Leipzig 1911.

[34] H. Kienle: Kosmogonie. Encyklopädie d. math. Wiss., VI, 2, 28, Leipzig 1933.

[35] F. Nölke: Der Entwicklungsgang unseres Planetensystems. Berlin 1930.

[36] Th. Widorn: Eine Beziehung zwischen Radius und Masse und über den Aufbau der inneren Planeten. Sitzungsberichte der Akad. d. Wiss. Wien, math.-naturw. Kl., Abt. II a, Bd. 157, 1949.

[37] C. F. v. Weizsäcker: Über die Entstehung des Planetensystems. Zeitschrift für Astrophysik, 22, 319, 1944.

[38] H. Alfvén: On the Cosmogony of the solar System. Ann. Stockholms Obs., Bd. 14, Nr. 2, 5, 9, 1943 und 1944.

[39] B. Thüring: Über die Planeten vom Kommensurabilitätstypus 1/1. Astr. Nachr., 238, 357, 1930. — Die Librationsperiode der Trojaner, Astr. Nachr., 243, 181, 1931.

[40] R. R. Mac Math, H. E. Sawyer, R. M. Petrie: Relative Lunar Heights and Topography by means of the Motion Picture Negative. Publications Michigan Observatory, Bd. 6, Nr. 8, S. 67, 1937.

[41] Ph. Fauth: Unser Mond. Breslau 1936.

[42] J. Franz: Der Mond. Aus Natur und Geisteswelt, Leipzig 1906.

[43] E. Schönberg: Handbuch der Astrophysik. Bd. 2, erste Hälfte, S. 76, 1929.

[44] A. J. Wesselink: Bull. Astr. Inst. Netherlands, Bd. 10, S. 351, 1948.

[45] T. Banachiewicz: Tables selenographiques dans le systeme équatorial. Krakau 1929.